珊瑚海

タスマン海

オークランド
Auckland

ウエリントン
Wellington

ニュージーランド

クライスト
チャーチ
Christchurch

THE MANUKA

ニュージーランドの神秘のハチミツ
マヌカ・ストーリー

峯下麻利［著］ 一般社団法人 アジアJAPANマヌカ協会［監修］

アールズ出版

はじめに

"Elegance is when the inside is as beautiful as the outside."
（エレガンスとは外見と同じように内面も美しいことを言う）

　この言葉は有名なココ・シャネルの言葉です。

　たとえば、この「エレガンス」の部分を「健康」に置き換えても同じことが言えるのではないでしょうか？

　カラダの不調、心の疲れを根本から癒すためには、心とカラダに良い食材をたっぷり気持ちよく食べることが大切です。

　わたしたちは豊かで便利な生活を手にする一方で、食生活の乱れや精神的なストレス、運動不足などから起こる「メタボ」、糖尿病をはじめとする「生活習慣病」、小児糖尿病といった「現代病」と隣り合わせの生活を送っています。

　そんな中、近年の健康志向も相まって、砂糖より低カロリーのハチミツを見直す動きが高まっています。

　中でも Queen of Honey ともいえるマヌカハニーは「特別」な抗菌作用をあわせ持つスーパーハチミツとして世界中で注目を浴びています。

この本は、そのマヌカハニーを一人でも多くの方に正しく理解してほしい、上手に活用してほしい、ニュージーランドの大自然が生み出すこの貴重な自然の恵みを身体いっぱい吸収して、健康増進に役立ててほしい、そんな思いでマヌカハニー・ビギナーのために綴った一冊です。

　ニュージーランドならではの生態系の中で育まれたマヌカの木の驚くべき生命力についてや、学術面から見たマヌカハニーの最新事情について、わかりやすく紹介したいと思います。

　マヌカ好きが高じて私、峯下麻利は一般社団法人アジア JAPAN マヌカ協会の理事をしておりますが、もともとは「マヌカってなに？」、「なにがすごいの？」、「だれが発見したの？」という素朴な疑問からスタートしたわけです。

　この本を読むことで、一人でも多くの方がマヌカハニーについて感じている"？"——疑問の解決につながれば嬉しいかぎりです。

「ハチミツの歴史は人類の歴史」といわれるほど、ハチミツは遥か昔から世界中の人々に愛されてきました。その中でもとくに神秘のベールに包まれているマヌカハニーの"不思議"をいっしょにのぞいてみませんか？

著　者

もくじ

はじめに ―― 002

Prologue
究極のハチミツを求めて ―― 008
Precious Manuka

- すごい、すごいって聞くけれど、なにがすごいの？
- 正しい知識をもってマヌカハニーを選んでほしい！
- ハチミツは人類とともに
- ニュージーランドの養蜂の歴史は短いけれど……
- マヌカの花とミツバチの出会いを知りたい！
- マヌカハニーの研究はこうしてはじまった
- マヌカハニーとの出会い
- 旅先で知ったマヌカハニーのパワー
- モラン博士の願い

Chapter1
ニュージーランドの大自然が育む
マヌカの生命力 ―― 020
History of Manuka

- マヌカハニーの蜜源は、可憐なマヌカの花
- マヌカの並外れた生命力
- マヌカハニーの驚異パワーの源泉はどこに？
- いま世界から注がれる熱い視線
- ニュージーランドの独自の生態系のなかで
- マオリとマヌカの深い絆

- ミリミリとマヌカ・オイル
- キャプテン・クックとマヌカ
- ハーブ植物を使い分けるマオリの知恵
- ヨーロッパ人の証言──マオリとハーブ治療
- 神秘のハーブ"マヌカ"
- 今に伝わるマヌカの薬効

Chapter2
スーパーハニー"マヌカ"の誕生──040
The beginning of Super Manuka honey

- モラン博士のマヌカハニー研究の第一歩
- ふつうのハチミツとどこが違うのだろう
- マヌカハニーだけの特別な抗菌成分
- UMFの誕生
- マーケットの急成長とモラン博士の危機感
- 謎の抗菌物質の解明
- マヌカの花蜜、そこが原点だった！
- メカニズムの解明は未来に託す

Chapter3
マヌカの森から届く神秘の贈り物──052
The ultimate honey from the nature world

- マヌカハニーが出来上がるプロセスを知ろう
- マヌカの開花とともにやってくる超繁忙期
- ミツバチに寄り添う養蜂家たち
- 働きバチの花蜜集めとハチミツ作り
- さあ、今年の出来はどうだろう？
- マヌカハニーの検査＆加工からボトリングまで

- クリームタイプが多い理由
- 北島のマヌカハニーは高品質ってホント？
- マヌカハニーが天然の食品である証
- ニュージーランドと日本は似ている !?
- 大いなる自然に、自然体で寄り添うニュージーランド気質

Chapter4
未来への期待を担うハチミツ・マヌカ——068
Potential of Manuka honey as medical use

- 世界中の研究者の注目の的
- マヌカハニー研究の最新事情に触れてみよう
- 天然素材マヌカハニーに高まる期待
- 冷静な目で情報のチェックを
- アスリートを支えるマヌカハニー
- 若きサイエンティストの心をとらえたマヌカハニー

Chapter5
マヌカハニーを正しく選ぶために——076
Manuka honey for optimal health

- マヌカハニー選びのポイントを具体的に考えてみよう
- 「なんとなく、良さそう」で選んではいけません
- UMF と MGO ——アルファベット表記の意味は？
- 「UMF15 ＋」とはなにを示しているのだろう？
- 「MGO 300 ＋」の意味は？
- UMF 方式の長所と短所
- MGO 方式の特色
- 信頼されるマーケットを築くべき時代の到来
- マヌカハニーを選ぶチェック・ポイント

- あなたはマヌカハニーをなんのために活用したいですか？
- あなたの目的に合ったグレードを選ぶ
- さらに入念にマヌカハニーを選びたい人のために

Q&A
マヌカハニーで？と思ったら──096
Answers to FAQ

Q 1　賞味期限は？
Q 2　保存法は？
Q 3　ゼロ歳児には？
Q 4　体力が弱った高齢者には？
Q 5　それって、不良品!?
Q 6　妊娠中は？
Q 7　加熱すると？
Q 8　1日にどれくらい？
Q 9　マヌカハニーの「アメ」って？
Q10　薬と併用すると？
Q11　とくにオススメの人は？
Q12　オーラルケアには？
Q13　ペットや動物には？
Q14　花粉症に？
Q15　ケガや火傷には？
Q16　発がん性の噂が？
Q17　ダイエット中ですが……？
Q18　美肌のために？
Q19　どのくらい続ける？
Q20　新しい活用法のアイデアは？

◇参考文献──109

Prologue
究極の
ハチミツを求めて
Precious Manuka

ニュージーランドの初夏——。マヌカが花をつけるころ、うっすらと淡雪が覆ったかのような光景が目に飛びこんできます

🍃すごい、すごいって聞くけれど、なにがすごいの？

「マヌカハニー」と聞いて、みなさんはどんなイメージをお持ちでしょうか？　なかには、「マヌカハニー」というハチミツの名前を初めて聞いたという方もいるかもしれませんが、この本を手に取ってくださった読者の多くは、もうすでに、「マヌカハニーってすごい！」という印象をお持ちではないですか？

でも、マヌカハニーのいったいどこがすごいのでしょうか？　ふつうのハチミツとなにが違うのでしょうか？　そう聞き返されたら、とたんに口ごもってしまうのではありませんか？

口コミやネット上で、マヌカハニーがすごいらしいという話をよく見聞きするので、なんとなくそんなイメージがあるけれど、実は具体的にはよく知らないとおっしゃる方がとても多いのです。

その証拠に、こんな質問をよく受けます。

「マヌカハニーがカラダに良いのはどうしてですか？」

「効果的な摂取方法を教えてください」

「ビンのラベルに、アルファベットや数字が並んでいるけれど、あれにはどんな意味があるんですか？」

セミナーや催し物でマヌカハニーの話をする機会がよくあるのですが、マヌカハニーのいちばん大切なことや、基本的なことに関する質問がとても多いのです。

🍃正しい知識をもってマヌカハニーを選んでほしい！

今やマヌカハニーに関する情報は、いたるところで目にすることができます。テレビやインターネット、雑誌、新聞などのメディアで、マヌカハニーが紹介される機会はとても増えています。とくにインターネット上では、とても読み切れないほどの情報があふれていると感じます。

それなのに、どうしてこんなにも、素朴で基本的な質問がたくさん出てくるのでしょう？　不思議でなりませんでした。

　もしかしたら、「マヌカハニーはすごい！」という話を、何度も耳にしすぎたせいで、気分だけ "わかったつもり" になってしまったのかもしれません。

　誤解や勘違いを抱えたまま、マヌカハニーを使っている方もたくさんいることに気づきました。

　値段が高ければ高いほど、「健康によいだろう」と思って、いたずらに高い商品を買ってしまう人。

　その反対で、商品ラベルに「マヌカ（MANUKA）」と表示されていれば、どれも一緒と思い、値段だけ比較していちばん安いマヌカハニーを買っている人。

　いざ、マヌカハニーを買ったものの、どう使ったらよいかよくわからず、貴重なものだから大事に使わなくてはと結局、棚にしまったまま使わずにいる人。

　一度は使いはじめてみたけれど、今ひとつ、マヌカハニーの良さを実感できないまま、短期間でやめてしまった人もいます。

　聞けば聞くほど、マヌカハニーをちゃんと知らないために「買いモノ損」をしている人が、じつに多いことに歯がゆい思いをしてきました。

🍃ハチミツは人類とともに

　多くの人から話を聞くうちに、そもそもハチミツがどれほど長いあいだ、人の健康に貢献してきたか、ということが意外に知られていないことに気づきました。

　実は、ハチミツの歴史はとても古く、1万年以上前から人類はハチミツとともに歩んできたといわれています。

Prologue▶究極のハチミツを求めて　011

養蜂の様子を描いた古代エジプトの壁画

古代エジプトの遺跡で発見されたレリーフには、採蜜の様子が絵に描かれ、象形文字を使って養蜂の技術が付記されていました。これは紀元前2600年ころのものといわれています。

さらにさかのぼると、トルコのカッパドキアの遺跡や、スペインのアラーニャ遺跡では、ハチミツを採取する様子を描いた絵が洞窟の壁画から見つかっていて、これらは紀元前6500〜6000年ころのものとされています。

わたしたち人類は、はるか古代の昔からミツバチとともに生命を育み、文明を築いてきたのです。いえ、むしろミツバチのお陰でハチミツという恩恵を受け取って生命をつなぎ、文化を継承してきた、と言うほうが正しいかもしれません。

🍃ニュージーランドの養蜂の歴史は短いけれど……

1万年ともいわれるハチミツの長い歴史と比較すると、マヌカハニーには"歴史がない"といっても言い過ぎではないかもしれません。

マヌカハニーの蜜源であるマヌカの木は、800年ほど前にマオリの人々が移住してきたころにはすでにニュージーランドに自生していましたが、養蜂がはじまったのは、わずか180年ほど前のことだからです。

キャプテン・クックがニュージーランドを訪れたのが、18世紀後半です。そこから西洋文化が入りはじめ、1830年代後半になってヨーロッパから西洋ミツバチが初めて持ち込まれ、その後ようやくニュー

ジーランドで養蜂がスタートしたといわれています。

　ニュージーランドの生物科学者、ピーター・モラン博士によると、それまでは、ハチミツを蓄えるミツバチは存在していなかったようです。

　同じ島国の日本に養蜂が伝わったのもけっこう遅く、「日本書紀」には7世紀中ごろの記述にはじめて登場するそうです。それよりもさらに1200年くらい後のことですから、ニュージーランドで暮らす人々がハチミツの恩恵を手にしたのは、どんなに長くても180年あまりです。

　とはいうものの、いまやハチミツ先進国といわれるニュージーランドは、国民一人当たりのハチミツ消費量は世界ナンバーワンです。歴史は短いかもしれませんが、ハチミツの恩恵をどこの国の人々よりもたくさん受けとっているのかもしれませんね。

🍃 マヌカの花とミツバチの出会いを知りたい！

　さて、ヨーロッパ人が持ち込んだ西洋ミツバチと、ニュージーランドの固有植物であるマヌカの木は、いったいどこで、どのようにして出会ったのでしょうか。

　ニュージーランドは大陸から隔絶された島国で、動物も植物も独自の生態系を形づくってきました。

　そんな大自然の中で、マヌカの木は、マオリがニュージーランドにやってくる前から自生し、しかも、のちの時代の生物学者たちが研究対象にしたくなるような、並はずれた生命力を備えた植物でした。これについては、チャプター1で詳しく触れたいと思います。

　古来自生するマヌカの木と、いわば新参者の西洋ミツバチ──。この出会いがどうだったのか、知りたいと思いませんか。なんといっても、このコラボレーションが、マヌカハニーという奇跡の恵みを誕生させる

北島の東端ティキティキからギズボーンへ向かう途中のマヌカの森で

ことになるのですから。

　でも、残念ながら、そのいきさつにたどり着くことはできませんでした。記録が残っていないのはもちろんですが、伝承を知る人もなかなかいません。

🍃マヌカハニーの研究はこうしてはじまった

　いまでこそ世界中で人気になったマヌカハニーですが、つい30年ほど前までは、ニュージーランド以外ではあまり知られた存在ではありませんでした。いわば地場限定のハチミツですね。

　そんなマヌカハニーに人々の視線が集まりはじめるのは、1980年代に入ってからのことでした。

　ヨーロッパ人が移住してくる18世紀まで、独自の生態系を守ってき

たニュージーランドには、数多くの生物学者や植物学者が移り住んでいました。

彼らにとって、手つかずの自然が残るニュージーランドは、研究テーマの宝庫だったのです。

その中の一人が、マヌカハニーが強い殺菌力をもつという噂を聞きつけ、興味をそそられたようです。生物学を専攻する旧知の大学教授のもとを訪ねて、マヌカハニーの成分を分析してほしいと依頼したのが、すべてのはじまりでした。

そんないきさつを経て、マヌカハニーの研究がはじまると、ほどなくして驚くべき事実が明らかになります。マヌカハニーには、ほかのハチミツにはない、強力な殺菌作用を促す成分が含まれていることがわかったのです。1981 年のことでした。

しかし、その殺菌作用をもたらす物質がどんなものかが判明するのは、まだ先のことです。その解明を目指して、さらに研究が続くことになります。

1998 年になると、この抗菌成分に新しい名前が付けられました。「独特のマヌカ成分」を意味する「ユニーク・マヌカ・ファクター（UMF）」です。

話は飛びますが、マヌカハニーのラベルに UMF というアルファベットの表記が入っているのを見たことはありませんか。抗菌力のレベルを評価する方法を示す符号のひとつです。その UMF の始まりがここにあります。

🍏 マヌカハニーとの出会い

そこからさらに 10 年の時が流れます。2008 年――。

ドイツの大学で別の食品研究に携わっていた生物化学専門の大学教授

つい250年ほど前まで独自の生態系を保ってきたニュージーランドの自然は、今も雄大な姿をとどめています（クイーンズタウンからワカティブ湖に沿ってグレノーキーへ）

が、偶然にも、マヌカハニーの謎を解明します。

　マヌカハニーに含まれる UMF と名付けられた謎の成分が、メチルグリオキサール（MGO）という物質であることを突き止めたのです。詳しくはチャプター 2 でお話ししたいと思います。

　こうしてマヌカハニーの科学的な研究が進展してくると、ニュージーランドだけで知られていたこのハチミツが、しだいに人々の熱い視線を浴びるようになって、いつしか世界のスーパーフードへの階段を駆け上がってゆくことになります。

　ちょうどそんな時期、わたしはニュージーランドの隣国、オーストラリアで暮らしていました。
　それまで、ハチミツとはほとんど縁がなかったのですが、偶然が重

なってハチミツ屋さんで働くことになり、そこでいろいろなハチミツに接するうちに、ミツバチのパワーを知り、マヌカハニーのすごさを知ることになったのです。

　ハチミツとひとくちに言っても蜜源の花によって色や香り、味もさまざまで、みな異なります。それに、ミツバチはハチミツ以外にもプロポリスやローヤルゼリーなど自然界のスーパーサプリメントを作りだしています。

　それまでサプリメントに見向きもしなかったわたしが、その恩恵を実感するようになると、今度は一人でも多くの人にそれを知ってほしいと思うようになっていました。

「ハチミツって、こんなに種類があるんですよー」

　ハチミツの色の違いを見てもらったり、味比べを楽しんでもらったり、

「風邪気味のときは、クスリの代わりにプロポリスがおすすめ！」

「疲れたときは、栄養ドリンクの代わりにローヤルゼリーが抜群ですよ！」

　と、夢中になって説明していたのです。

　そんな中、日本からやってくる旅行者のなかに、マヌカハニーを探し求める方が増えてきたのです。

「うーんと……、なんて言ったっけ？　ニュージーランドで採れる珍しいハチミツ。……ラジオで、生島ヒロシさんが、カラダにいいって言っていたハチミツを探しているんだけど……」

「宝塚の大地真央さんが食べてるって、聞いたんだけど……、マヌカハニーというハチミツが、欲しいんです！」

🍃旅先で知ったマヌカハニーのパワー

　わたしがマヌカハニーと出会ったのは、オーストラリアで暮らし始め

て3カ月目くらいのことです。おそらく、慣れない旅先で疲れが溜まっていたのでしょう。

39度の高熱とノドの痛み、咳も止まらず、眠れない夜が続いて、食欲をすっかりなくしてしまったのです。病院へ行く元気もありませんでしたが、とにかく何かを食べなければと、フラフラしながら街に出たとき、小さなショッピング・モールで見つけたのが、のちに働くことになるハチミツ屋さんでした。

「これを毎日、数回、舐めなさい。セキで苦しいときや、ノドが痛いときは、お湯に溶かして、ゆっくり飲むんだよ」

お店のオーナーは、そう言うと、ハチミツの小瓶を手渡してくれたのです。まるでクスリ屋さんみたいでした。

これがマヌカハニーとの出会いでした。驚くことに、わたしは、このときお医者さんとクスリに頼ることなく、このマヌカハニーだけで体調を回復させることができたのです。

この一件をきっかけに、マヌカハニーに興味をもったわたしは、マヌカハニーがもともとニュージーランドで生まれた貴重なハチミツであること、そして、そのマヌカハニーに特別な抗菌成分があることを発見したのがニュージーランドの大学教授、ピーター・モラン博士であることを知ったのです。

モラン博士の願い

すっかりマヌカハニーに魅せられたわたしは、マヌカハニーのパイオニアであるワイカト大学のピーター・モラン博士にいつかお会いしてみたい、という思いを募らせていました。

願いは思いつづければ、いつかかなうものなのですね。さまざまないきさつがありましたが、2014年に、念願かなってモラン博士にお会いすることができたのです。

ピーター・モラン博士

モラン博士は、日本からやってきたわたしに、さまざまな話を、丁寧に話してくださったばかりか、立て続けの質問にも快く答えてくださいました。そのなかで、今も強く印象に残っていることがあります。

博士の願いは、世界中の人々が、マヌカハニーを必要とするとき、だれもが自由に手にすることができ、それによって人々の健康に役立ててもらうことでした。

しかし、現実は、マヌカハニーの正しい知識がすべての養蜂家や生産者に伝わらないまま生産され、販売されていました。そのため消費者にも、正しい情報が伝わらず、間違った認識の下でマヌカハニーが消費されていることに、たいへん胸を痛めておられたのです。

わたし自身、日本で仕事をするようになって、マヌカハニーについてよく知らないまま使用している人が多いことを感じ、博士の言葉に強く共感したことを覚えています。

この本を書こうと思った大きなきっかけのひとつが、モラン博士から伺ったこのときの言葉であることは間違いありません。

それ以来、2016年に博士が亡くなるまで、たびたび博士を訪問させていただきました。博士がマヌカハニーにささげた情熱を、一人でも多くの人に知ってもらえるように、活動を続けていきたいとあらためて心に誓いました。

Chapter1
ニュージーランドの大自然が育むマヌカの生命力
History of Manuka

ベンロモンド・トラックから見渡す雄大な渓谷

🍃マヌカハニーの蜜源は、可憐なマヌカの花

ハチミツは、世界でいったいどれくらいの種類があるかご存知ですか。
レンゲハチミツにアカシア、クローバー、ソバ、トチノキ、ナタネ
……など、みなさんも、そのうちのいくつかはテーブルハニーとして食
べたことがあると思います。

ミツバチはこのレンゲやアカシア、クローバーなどの花から花蜜を集
めてハチミツを作ります。このハチミツの元になる花蜜をミツバチに提
供する植物のことを"蜜源"と呼びます。ハチミツの源（みなもと）と
いうことですね。

蜜源植物は、世界で約4000種類あるといわれていて、日本だけでも
600種類もあるそうです。（『日本の主要蜜源』日本養蜂はちみつ協会）

4000種類の蜜源植物があるということは、単純に考えて、世界には
ハチミツが4000種類以上あるということです。その蜜源がどんな植物
の花かによって、それぞれ味や香り、食感、色、そしてハチミツに含ま
れる成分や栄養素が、みな少しずつ異なっていることになります。

ちなみに世界中で販売されているハチミツは、そのうちの300種類
ほどだそうです。あとは自家用だったり、その地域だけで消費されたり
しているのでしょう。

きっとその中には、聞いたこともないような花を蜜源とする、めずら
しいハチミツがたくさんありそうです。ちょっと興味深いと思いません
か？

さて、マヌカハニーの蜜源はというと、いまさらお話しするまでもあ
りませんね。ニュージーランドに自生するマヌカという背の低い樹木で
す。

ニュージーランドに初夏が訪れる11月中旬から12月になると、毎

マヌカハニーの蜜源・マヌカ。この可憐な花をつける木に想像もつかない強靭な生命力が宿っています

年、可憐な白い花を、たくさん咲かせます。

　この季節に、群生するマヌカの森を遠くから眺めると、小さな白っぽい花に覆われて、うっすらと雪化粧したかのような光景が、初夏のニュージーランドに広がっています。

🥝マヌカの並外れた生命力

　マヌカハニーは特別な効能をもつ、希少性の高いハチミツです。その蜜源であるマヌカという樹木も、貴重な存在であるのはいうまでもありません。いま、世界中からこのマヌカという蜜源植物に、熱い視線が注がれています。

ただ、マヌカが世界から注目されるようになったのは、マヌカハニーの人気が沸騰したここ十数年のことです。

　マヌカは、ニュージーランドではもっともポピュラーな植物のひとつで、ニュージーランド全土でみることができます。今や、世界の注目の的と書きましたが、じつは、1900年代の前半、穀物や野菜などを育てる農家の人たちにとって、マヌカは迷惑極まりない植物でもあったようです。

　可憐な花を咲かせるマヌカからは想像もつかないのですが、じつは、マヌカは驚くほど強い生命力をもつ植物なのです。

　畑のそばに一本のマヌカが生えると、そのうちあたり一帯がマヌカの森に変わってしまうほどだといいます。

　しかも、土の奥深くに強靭な根を張ります。そして、空中にまっすぐ伸びる幹は、その昔、先住民のマオリ族が槍として戦争や狩猟に用いたというほど硬い！　枝を切り払うのも、根を引っこ抜くのも、恐ろしくたいへんな作業だったのです。

　一本のマヌカの木を甘く見ると、大変な災難に遭う……。農家の人にとっては“疫病神”のように扱われたようです。

🍃マヌカハニーの脅威のパワーの源泉はどこに？

　一方、植物の研究者にとっては、このマヌカの並外れた生命力は、とても興味深い研究テーマでした。

　1900年代の後半になると、さまざまな研究者がマヌカに学術的なアプローチを試みたようです。

　マヌカは海岸線に近いゼロメートル地帯から、標高1600メートルに及ぶ高台や山岳地でも生息しています。

　また、土地がやせていても、マヌカは元気に花を咲かせます。酸性土

でも平気です。乾燥地帯、あるいは正反対の湿地でも、さらに、鉄やマグネシウムなどを多く含む、植物の生育に適さない土壌でも、またたく間に根を伸ばして森林化する強さを持っています。

また、こんな記録も残っています。海岸線に自生するマヌカが洪水や台風などで浸水し、海水に冒されたときでも、272日間ものあいだ、根っこが腐ることなく生き延びたといいます。(『ニュージーランドガーデンジャーナル』2008年12月号)

また、マヌカの木は、こうした強靭な生命力をもつことから、ニュージーランドの他の弱い植物を暴風や強烈な日差しから守り、豊かな森林を育てる保護的な役割を担ってきたことで知られていて、現代においても、自然破壊が進む地域の自然再生や、緑化事業などの分野で広く活用されています。

🌱いま世界から注がれる熱い視線

マヌカという言葉は、ニュージーランドの先住民族マオリ族が使うマオリ語で、Mānukaと表記されます。

フトモモ科のギョリュウバイ属のひとつで、学術名は、レプトスパルマム・スコパリウム（Leptospermum Scoparium）と言います。舌を噛みそうな名前ですね。

背丈は3〜4mほどの低木。常緑樹で、葉は先が細く尖がった形の双子葉植物です。

花は先ほどお話ししたように、初夏を迎える11月の半ばから12月にかけて、直径1〜2cmほどの白や淡いピンクの小さな花を咲かせます。日本の桜や梅の花に似ていて、花びらは5枚あり、丸く広がっています。

長いおしべが濃いワイン色で、これも梅の花に似ていることから日本

Chapter1▶ニュージーランドの大自然が育むマヌカの生命力　025

語名は「ギョリュウバイ（樫柳梅）」と呼ばれています。ただ、こちらは観賞用として市場に出回っているもので、ミツバチが蜜を集めるための蜜源ではありません。種を包む鞘（さや）は黒ずんだグレーで丸い豆のような形をしています。

　マヌカはニュージーランドに自生する固有種とされていますが、学術名で呼ばれるレプトスパルマム・スコパリウムは、かならずしも、ニュージーランドのみで自生しているわけではありません。

　オーストラリアのニューサウスウェールズ州の南部海岸沿いからビクトリア州、タスマニアにも自生しています。

　また、ハワイ州カウアイ島、オアフ島、ラナイ島でも自生が確認されています。ただしラナイ島では1927年にニュージーランドからの帰化植物として扱われているようです。

　昨今では、アメリカやヨーロッパの国々にマヌカが持ちこまれ、品種改良されているものもあります。さらにオーストラリアではハイブリッドの新種の開発を積極的に行っていると伝えられています。こうした動きの背景には、マヌカハニー・マーケットの急成長があるのはいうまでもありません。

🌿ニュージーランドの独自の生態系のなかで

　ニュージーランドは、ヨーロッパ人が移住してくる18世紀まで、大陸から隔絶した環境のなかで、独自の生態系を保ってきたことで知られています。

　ニュージーランドが、マオリ語でアオテアロアと呼ばれていたころの話です。「長く（ロア）白い（テア）雲（アオ）がたなびく地」です。

　そのころのニュージーランドには、犬もいないし、猫もネズミもいませんでした。ミツバチも不在でした。その代り、飛べない鳥、キーウィ

026

やタカへが闊歩していたのです。

　植物についても同様です。ヨーロッパ人がそれまで見たこともない樹木や草花が生い茂っていたのです。1889年に出版された『The forest flora New Zealand（ニュージーランドの森林植物）』はニュージーランドならではの豊かな森の様子をイラスト入りで伝えています。

　前述したようにマヌカハニーの蜜源植物であるマヌカの木は、ニュージーランドの固有種とされていますが、いつの時代から、どんな環境で自生してきたのかについては、大昔のことですから、だれにもわかりません。

　唯一、それを知る手掛かりがあるとしたら、先住民であるマオリの人々の暮らしのなかに見いだすしかないでしょう。

　マオリ族が、ここニュージーランドにやってきたのは、諸説ありますが13～14世紀といわれています。伝承による説話によれば、タヒチから7艘の航海カヌーに乗り、この地にたどり着き、定住したとされています。

　彼らがやってくる前に、すでにモリオリ族という先住の民が暮らしていました。マオリはこの先住の民に比べて、多くの知恵を備えた部族であり、また戦士の文化が色濃い部族でもあったようです。

　この新しくやってきた戦士部族は、先住の民との戦いを繰り返し、モリオリを滅ぼし、この島の主となるのです。

　マオリの代表的な伝統文化といえば、なんといってもハカ（HAKA）ですね。ラグビーのワールドカップが2019年に日本で開催されるので、テレビなどで紹介される機会が増えていますが、ご存知ない方もいるかもしれないので、簡単に触れておきましょう。

　かつてマオリの戦士たちは、戦いの前に、戦いの神と一体になるために祈りを捧げる儀式を行いました。ニュージーランドのラグビーチーム

は、試合が始まる前に、この儀式を模して、雄叫びとともに踊ります。それがハカです。戦士文化をもつマオリならではの、勇壮で厳粛な踊りです。

マオリとマヌカの深い絆

ポリネシアから長い航海を経てやってきた新しい住民マオリは、高い山々がそびえ、緑したたる樹木に覆われた大地を前にして、まず居住地を確保しなければなりませんでした。

遠く離れた故郷でそうしていたように、しばらくは、狩猟生活をつづけたでしょうが、新しい島では農地を切りひらかなければならない時期がやがて訪れるのです。

そんな場面で、マオリ族の役に立ったのがマヌカの木だと伝えられています。木々が深々と生い茂る森を焼き払うのに、油分を多く含むマヌカの木が不可欠でした。とくにマヌカの木の鞘に火が付くと、膨大な煙とともに燃え広がり、瞬く間に大地に広がる木々を焼き尽くしたといいます。

ただたんに、生木が燃えるレベルの火力ではありません。広大な森林と大地を焼き尽くし、あたり一面を灰として、肥沃な大地に変えるエネルギーを秘めた火力なのです。

このマヌカの油分を多く含む特性は、マオリの人々に多くの恩恵を与えました。

焚き木として使われたのは言うまでもありませんが、料理では魚などを燻す際に使いました。現代でもマヌカのスモークチップが市販されていて、日常的に料理に活用されています。

油分が多いということは、燃えやすいだけでなく、水をはじく特性も

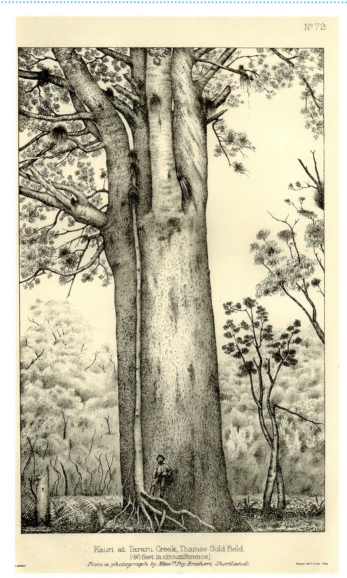

18世紀末にヨーロッパ人がニュージーランドに足を踏み入れたとき、初めて目にする植物や動物に驚きを隠せなかったといいます。イラストは北島原産の巨木カウリ。根元に描かれた人物と対比すると、巨大さが極端！　と感じたけれど、直径が4.5メートルと書かれているので、いたずらに大げさに描いたわけではなさそうです（『ニュージーランドの森林植物』1889年）

Chapter1 ▶ ニュージーランドの大自然が育むマヌカの生命力　029

あります。

　樹皮の内側は水入れに活用されました。さらに防水が欠かせない屋根や壁、あるいはカヌーの部材やパドルなど、マヌカは貴重な資材、建材としても活用されたようです。

　もうひとつ、マヌカには大きな特徴がありましたね。このチャプターの最初でも書きましたが、まっすぐ伸びる枝は、とにかく固く頑丈です。マヌカを使って作る槍は、戦士部族にとって貴重な武器となり、また、狩猟にも役立ったはずです。

ミリミリとマヌカ・オイル

　もうひとつ、マオリ族とマヌカには大切なつながりがあります。ミリミリと呼ばれるマオリ固有のヒーリングマッサージに、マヌカの葉から抽出されるオイルが使われたことです。

　同じポリネシアに属するハワイでは、ロミロミと呼ばれるマッサージが有名ですが、これに似たものです。

　ただし、ロミロミと異なり、このミリミリを施すことができるのは、その地域の部族のマツア（MATUA）と呼ばれる長老だけです。マヌカ・オイルを使い、エネルギーの浄化やデトックスを促したといわれます。

　この本を作るにあたって、東京に10年も暮らすマオリの男性、トニーさん（仮名）に話を伺ったのですが、彼も、ニュージーランドに帰るたびに、地元のギズボーンの町でマツア（長老）を訪ね、ミリミリを施してもらうといっていました。

「マツアは、シャーマンといえばわかりやすいかな。いわゆるエネルギー・ワークを受ける感じ。こころとカラダの疲れが取れて、元気になる」

マオリの村々には昔から「マラエ」と呼ばれる集会場がありました。村人たちの生活の中心であり、娯楽場であり、葬祭の場でもあります。かつては戦士を送り出す場としても使われたそうです

　現代のニュージーランドでも、マヌカのもつエネルギーは大切な役割を担っているようです。

🍃キャプテン・クックとマヌカ

　ニュージーランドのマオリ族をはじめ、ハワイやタヒチ、トンガ、サモアなどポリネシア系に属する人々は、人種的に近いだけでなく、似た言語や文化をもっています。その中で文字をもたないことについても、すべての部族に共通します。

　したがって、歴史や風土、風習などが文字情報として伝わることはなく、基本は口頭伝承によって語り継がれたものだけが、現代に伝わっています。

Chapter1 ▶ニュージーランドの大自然が育むマヌカの生命力　031

ですから、年代の古い事柄をたどろうとするとき、文字情報を得ようとすると、それは現地を訪れたヨーロッパ人が書き残したものにならざるをえず、それらが、最古の文献資料になります。

　マオリ族やマヌカについても同様です。まとまった文字情報を残した最初の人物は、あのキャプテン・クックです。

　1768年に初めてニュージーランドを訪れ、それから足掛け12年にわたって、太平洋地域を探索し、その間に3回にわたってニュージーランドに長期滞在をしています。

　クックは航海日誌にマオリの文化を詳しく書き記したことでも知られています。その中にマヌカ茶に関する記述が登場するのは、すでにさまざまなメディアで紹介されているので、ご存知のみなさんも多いでしょう。

　キャプテン・クックは太平洋の島々を探索するにあたって、植物学者や地図の製図者、画家など専門家を何人も同行させていました。

　ニュージーランドに上陸した際、この植物学者たちがマヌカの木の葉を煎じて、クックのためにお茶を作りました。苦みのあるお茶をことのほか好むクックは、このマヌカ茶を気に入り、マヌカの木をティーツリーと呼んだといいます。

　以来、マヌカの木を英語ではティーツリーと呼ぶようになったようです。ちなみに、オーストラリアに自生するアロマで有名なティーツリーは別の植物です。

　また、クックの一行はマヌカとリムの葉を使ってビールも作ったようです。これまたクックはその味を気に入り、絶賛したと伝えられています。

032

🍃ハーブ植物を使い分けるマオリの知恵

マオリの人々やその文化、風習について記録を残したのは、もちろんキャプテン・クックだけではありません。

クックの船に同乗していた植物学者のひとりは、当時のマオリの人々の暮らしぶりをみて、こんな感想を記述しています。

「マオリの人々は、見るからに健康な暮らしをしていて、彼らになにか治療を施す必要があるかといえば、そんな疾患を抱えているようにはまったく見えなかった」(「Right Hon ジャーナル」1896年の記事)。

ヨーロッパからやってきた人間の目から見ると、ほぼ原始的な生活を営む人々が、とても健康的に暮らしていることに驚きを隠せなかったようです。

この記事は、1960年に出版されたニュージーランドのメディカル・プランツ、つまり、医療に活用された草木に関してまとめられた書物に引用されています。

残念ながらこの引用元の記事を辿ることができないため、孫引きしています。(『New Zealand Medicinal Plants』/S.G.Brooker/R.C.Cooper 著　1960年)

この本は、マオリ族が日常生活のなかで、病気を患ったり、ケガをしたりしたときに、いかに植物を活用していたか、またそうした知恵をどれだけ豊富に持っていたかを伝える貴重な資料です。

New Zealand
Medicinal
Plants

Brooker, Stanley

Note: This is not the actual book cover

かつてマオリの人々が薬用に用いた植物についてまとめられた著作。ニュージーランドにやってきたヨーロッパ人の貴重な証言が掘り起こされている。(1960年刊)

Chapter1▶ニュージーランドの大自然が育むマヌカの生命力　033

同じ本から、もう一人の証言を紹介しましょう。

1820 年に 10 カ月ほどニュージーランドに滞在した、艦船ドラメダリーの指揮官が、ある日目撃した出来事について次のように記述しています。

「斧のような道具で足を深く傷つけてしまった男性に出会った。彼はすぐさま、ポテトのような植物の根から汁を絞り出して傷口に塗り、布で傷口をくるんだ。数日後その男性に会ったとき、傷口はかなり改善されていた。……とくに、外傷について、マオリは症状に応じて特定のハーブ植物や木々を使い分けているように思われる」（1824 年）

この指揮官は、マオリの人々が、とくにケガなどの外傷に関して、さまざまな植物を使い分けて治療するだけの知識を豊富にもっていたことを伝えています。

🍀ヨーロッパ人の証言──マオリとハーブ治療

一方、キャプテン・クックはこんな体験談を克明に記しています。

「……ひとりの少女の姿が私の目に止まった。彼女は、石を火であぶっていた。その石を、なにに使うのかに興味をそそられて、わたしは少女に近づき観察した。

石が十分な熱さまで到達したと思われたとき、少女は石を火から取り出すと、近くの小屋にいる老女のところへ運び、老女の背中にその石を並べた。さらにそのうえに新鮮な香草の葉を敷き詰めた。そして、おもむろにしゃがみこむと、背中に乗り、敷き詰めた香草の上から、足で何度も踏みしめた。

この一連の行動を見て、わたしは、老女の背中を温めているのだということ……（中略）、そして、新鮮な香草から噴きだす蒸気が、なんらかの治癒効果を促しているのではないかと推測した」

前述の艦船の指揮官は、マオリが、とくに外傷に関して、症状に応じてさまざまなハーブ植物や木々の使い分けをするだけの知識を豊富に持っていたと記述していました。

　たしかに、いくつもの記録をたどると、大けがを負ったときに、なんらかの植物を使って治療する経験や目撃談がたくさん出てきます。ただ、クックが記したような、何らかの病気に植物を活用したケースは比較的少ないように感じます。

　このあたりの事情について、その理由を明らかにしているのは、『Maori Medical Lore』（「マオリの伝承医療」Best E. 著 1905-1906年）です。

「彼ら（マオリ族）が行っていた医療行為は、外傷に対してハーブ植物を使うことだった。一方、病気に対してどうだったかといえば、そもそもマオリ族の先住民たちは、病気を治療するという習慣をもっていなかった。

　というのも、彼らは、肉体になんらかの異常が現れたとき、それは神々や悪魔による仕打ちだと考えた。だからハーブ植物治療による有効な手段があるとしても、それはいくつかの病気に対して有効だという記録が残っているにすぎない。

　西洋人がニュージーランドに移住するようになって、文化の交流が進んでから、彼らははじめて、病気が神や悪魔によってもたらされる、という考えから脱却するようになって、かえって積極的にハーブ植物を病気に使うようになった」

　マオリの人々が、ハーブ植物や木々を使って治療を行うのが、ケガや火傷、あるいは皮膚上のトラブルなどをメインにした事情がここで明らかにされています。

Chapter1▶ニュージーランドの大自然が育むマヌカの生命力　035

ここで興味深いのは、マオリの人々が、病気と悪魔の因果関係を断ち切った後、古来蓄積されたハーブ治療を捨て去るのではなく、反対に、これまで使ってこなかった病気治療に活用範囲を広げて、積極的にハーブ治療に取り組もうとした事実です。

　先祖から伝承によって受け継いだ、マオリの知恵に対する敬虔ともいえる信頼感がそこにあるような気がします。

🍃 神秘のハーブ"マヌカ"

　マオリの人々に伝わる伝承医療について、ヨーロッパ人の証言は興味深いことをいくつも教えてくれました。

　ただ、彼らの証言だけでは、どうしてもわからないことがあります。それは、どんな樹木や草花を、どのような症状に対して、どう使ったのかという具体的内容です。

　さらにこのチャプターで明らかにしたいのは、マヌカハニーの蜜源であるマヌカの木を、マオリの人々がかつてどのような治療に用いたのかということですが、これがなかなか見えてきません。

　彼らの証言内容に具体性を伴わない理由はもちろんあります。キャプテン・クックをはじめとするニュージーランドを訪れたヨーロッパ人にとって、独自の生態系の下で自生するニュージーランドの樹木や草花が、ヨーロッパで身近に感じてきた植物とまったく異なるからです。

　植物学者でさえ、具体的な植物の名前をあげて解説することができないのですから、キャプテン・クックや軍人にそれを求めるのは無理がありますね。

　このあたりの情報を補完してくれる資料はないものだろうか──。そんなことを考えていたら、ありました。

古くからニュージーランドに自生するマヌカの木。先住民であるマオリの人々はこの樹木がもつ特別な薬効をさまざまな方法で活用してきました

テパパの名前で知られるニュージーランドの国立博物館です。先住民と非先住民の二つの文化の協調を方針として掲げるこの博物館は、マオリの伝承文化についての調査や掘り起こしなどを積極的に行っているようです。

はたしてマヌカの木が生薬としてどのような使われ方をしてきたのか、テパパに集められた資料からなるべく具体的に拾ってみることにしましょう。

🌿今に伝わるマヌカの薬効

マオリの人々は、マヌカの葉や樹皮、タネ、樹液、それにマヌカを燃やした灰などを、さまざまな症状に応じて活用したことがわかります。

総じていえることは、精神の安定をもたらす鎮静作用や、痛みを抑える鎮痛、炎症を抑える消炎、ばい菌の殺菌・消毒といった効能をマヌカの木に期待していたようです。

では、マオリが長い時間をかけて積み上げた経験と、試行錯誤の末にたどり着いた"知恵"の数々に触れてみることにしましょう。

まず、マヌカの葉や樹皮を煎じる（煮詰める）、もしくは、枝を短く切って、そのまま煮詰める方法があったようです。

煮詰めるときに湯気や蒸気が上がります。これを口や鼻から吸い込んで体内に取り入れることによって、鎮静作用、つまり高ぶった気分を落ち着かせる効果があったとしています。また頭痛を抑えるほか、ノドの痛みや筋肉痛についても同様の効果があったようです。

また、煎じた薬液をカラダに塗るという使い方もしました。とくに薬液が温かいうちに筋肉痛や関節炎などの患部に塗ると痛みを抑える効果があったといいます。

樹皮の内側を削り取って、これを煎じ（煮詰め）て、成分がしみ出した薬液を歯磨きやうがいに用いたという記録もあるようです。これは推測に過ぎませんが、樹皮の内側を使うのは、煎じた後の薬液に細かいゴミなどが混じらないようにする工夫でしょう。

　マヌカの樹液を活用することもあったようです。
　樹液は固まる前の柔らかい状態だと、使い勝手がよいけれど、小量しか採れないのでとても貴重でした。
　赤ちゃんの夜泣きに効果があると書かれています。また傷口の消毒や、火傷の治療に便利だったようです。
　ときには、樹液を指ですくってそのまま舐めることもあったそうです。血液から毒素を取り除き、血液をきれいにする効果があるといわれています。

　また、マヌカを燃やしたあとの灰にも薬効がありました。灰は主に皮膚疾患の改善に活用されたようです。灰を皮膚に塗りこんで使用します。

　さらに、マヌカの小さな種をかみ砕いて食べると結腸によいと書かれています。ただなにが、どうよいのかについては触れられていません。

　また、マヌカの種はすりつぶし、粉状にしたものを水に溶いて布に塗り、湿布薬として使ったという記述があります。

　はたして、マオリ族が語り継いできたこれらの薬効のなかに、マヌカハニーの効能に結びつくものがあるのでしょうか──。

Chapter1▶ニュージーランドの大自然が育むマヌカの生命力　039

Chapter2
スーパーハニー "マヌカ" の誕生
The beginning of Super Manuka honey

ニュージーランドの第四の都市・ハミルトンにあるワイカト大学。
ここの研究室の一室で、神秘のハチミツの謎を解く第一歩が
ピーター・モラン博士によって踏み出されたのです

モラン博士のマヌカハニー研究の第一歩

2014年2月にワイカト大学のモラン博士を初めて訪問した際に、わたしは博士にこんな質問をしました。

なぜマヌカハニーについての研究を始めたのですか？　と。

博士はこう答えました。

「1981年のある日、友人の研究者、ケリー・シンプソンが訪ねてきたのです。

そして、わたしに強く薦めたのです。

『ハチミツには、もともと抗菌作用があるけれど、その中でもニュージーランドのマヌカハニーは、抗菌作用がいちばんだともっぱらの噂だ。しかし、マヌカハニーが、なぜほかのハチミツより優れているかについては、だれも知らない。君はそれを調べるべきだよ！』とね」

友人のこの言葉をきっかけに、モラン博士はマヌカハニーについての研究をスタートさせることになったのです。そして研究を始めてほどなく、彼はマヌカハニーにはふつうのハチミツにはない独特の抗菌成分があることを発見したのです。

ふつうのハチミツとどこが違うのだろう

もともとどんなハチミツも、ある程度の抗菌作用をもっています。

みなさんの中にも幼いころ、口内炎ができたり、唇が荒れたりすると、おばあちゃんがハチミツをぬってくれた……、そんな経験はありませんか？

ハチミツは、その優れた抗菌性や保湿性により、いまでは高級化粧品にも使われるほどです。

はるか昔には、ミイラの保存などに使用されたといわれるように、防

モラン博士の研究室を初めて訪ねたのは2014年の夏。筆者の初歩的な質問にも、ひとつひとつ丁寧に説明してくださいました

腐剤の役目を果たしたことでも知られています。

　この抗菌作用は、ハチミツに含まれる成分——ちょっと専門的でむずかしい言葉ですが、「過酸化水素」という成分によるものです。

　この抗菌成分はもちろんマヌカハニーにも含まれています。

　そこでモラン博士は、こんな仮説を立てます。

　マヌカハニーは、すべてのハチミツに含まれる抗菌成分「過酸化水素」のほかに、まったく別の抗菌成分をもっているのではないか——と考えたのです。

　そこで博士は、マヌカハニーと何種類かの異なるハチミツを取り寄せて、それぞれの抗菌力のレベルを測定することにしました。

　まず、マヌカハニーとふつうのハチミツに含まれる共通の抗菌成分を

Chapter2▶スーパーハニー—"マヌカ"の誕生　043

取り除く作業を行いました。そのうえで、マヌカハニー固有の抗菌成分について解明しようというわけです。

🍃マヌカハニーだけの特別な抗菌成分

実験を行ったモラン博士がそこで発見したものは、驚くべき結果でした。

両者の抗菌レベルの測定検査を行ったところ、マヌカハニーだけが強い抗菌力を持続していたのです。つまり、仮説どおり、マヌカハニーは、「過酸化水素」とは別に強力な抗菌作用を促す成分をもつことが明らかになったのです。

少々、専門的な内容になってきましたね。なるべくわかりやすくするために、ここまでの話を簡単な図（次ページ）にまとめました。

マヌカハニーとそれ以外のハチミツすべてに含まれる共通の抗菌成分を「A」としましょう。そして、マヌカハニーだけに含まれる未知の抗菌成分を「X」としています。

モラン博士は、この未知なる成分（X）を暫定的に「非過酸化活性成分」と呼ぶことにしました。それがはたしてどんな物質なのか──。これがその後のモラン博士の大きな研究テーマとなったのです。

細かい話を若干付け加えておくと、この検査過程で、マヌカハニー以外のハチミツにも、この未知なる成分（X）を含むものがいくつか見つかったようです。ただし、その数値は微量でした。それに対して、マヌカハニーは、ほかのハチミツに比べて格段に高い数値を示したのです。

🍃UMFの誕生

モラン博士は、大学の研究室にこもり、マヌカハニーの研究をより深

モラン博士の仮説

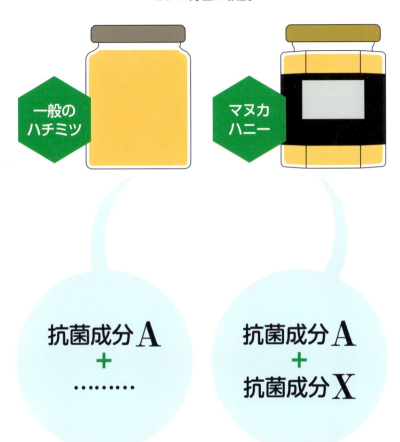

・抗菌成分A＝過酸化水素　・抗菌成分X＝のちにUMFと名付けられる

めるかたわら、現在の「ユニーク・マヌカ・ファクターはちみつ協会（以後UMFはちみつ協会）」の前身となる「アクティブ・マヌカハニー産業グループ（AMHIG）」という業界団体を設立し、ハミルトンに本拠を構えました。1997年のことです。

マヌカハニーの業界関係だけでなく、幅広い業界からエキスパートたちを集め、研究支援だけでなく広報活動にも力を入れました。それは、なによりも消費者に向けてマヌカハニーの正しい普及を促すのが目的でした。

　ちなみに、AMHIG は、その後アクティブ・マヌカハニー協会と名前を変え、さらに現在の UMF はちみつ協会に至っています。

　AMHIG の最初のミーティングが開かれたのは、1997 年 5 月のことです。

　この最初の会合で、ある提案が出されます。1981 年にモラン博士が発見したマヌカハニー固有の抗菌成分に、「もっとわかりやすい名前をつけるべきだ」という声があがります。

　研究仲間や専門家たちのあいだでは、この謎の成分は、相変わらず「非過酸化活性成分」と呼ばれていました。そんな難解な名称では、消費者は覚えてくれません。

　わかりやすく、覚えやすい、しかもインパクトのあるネーミングが必要なのは言うまでもないのですが、そんな呼び名が簡単に思い浮かぶはずもありません。この難題にようやく答えが見つかるのは、1 年後のことです。

　モラン博士が発見したマヌカハニーに含まれる「謎の成分」は、ほかのハチミツにはほとんど含まれず、しかも「独特な特性を持った成分」です。

　そこで考えに考え抜いた末、この成分に "Unique Manuka Factor"（ユニーク・マヌカ・ファクター）と名付け、その頭文字をとって「UMF」と呼ぶことにしたのです。

　こうして、モラン博士が名付け親に任命されてからちょうど 1 年が過ぎた 1998 年 5 月に UMF という言葉が誕生したのです。

マーケットの急成長とモラン博士の危機感

　1990年代も後半になると、マヌカハニーの研究に取り組む科学者たちの数は急速に増えていました。その多くが、モラン博士によって「UMF」と名付けられた謎の物質の解明を目指していました。

　モラン博士はこのころの状況について、マヌカヘルス社によるインタビューの中でこう語っています。

「世界各国に拠点を持つグローバルな製薬会社も、UMF物質がなんであるかを追求していました。しかし、そんな巨大な会社ですら、解明できなかったのです。だれ一人として、決定的な結果を導くことができませんでした」

　そんな状況のなかでも、マヌカハニーのマーケットはますます活況を呈していました。人気は高まり、価格も上昇していました。でも、そこに科学的な裏付けとなる研究が追い付いていないというのが当時の実態でした。

　人々はラベルに「マヌカハニー」と記載があるだけで、「すべてメディカル・ハニーとして効果を実感できる」と思いこんでいました。

　モラン博士はこの頃、こんな警告を発しています。

「いずれ非過酸化物（UMFと名付けられた抗菌作用を促す物質）が含まれていないマヌカハニーを、医療行為に使う現場が出てくるでしょう。そんなことが起きれば、彼らが期待するような効果を得ることはできません」

　科学的な根拠のないまま、マーケット主導で、野放図に膨張するマヌカハニーの将来に、モラン博士は危機感を募らせていたのです。

謎の抗菌物質の解明

　モラン博士が1981年にマヌカハニーに特別な抗菌成分があることを

目をキラキラ輝かせてマヌカハニーについて語ってくださったモラン博士（研究室で）

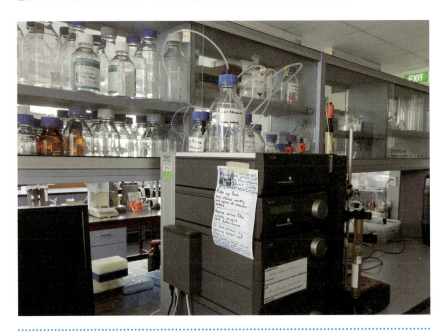

発見してから、27年が過ぎた2008年のことです。

　モラン博士や研究チームだけでなく、マヌカハニーに関わるすべての人々を驚嘆させる出来事が起こります。

　異なる分野の研究テーマに挑んでいたドイツの研究者、トーマス・ヘンレ教授（ドレスデン大学）が、それまでだれも解明できなかったマヌカハニーに含まれる謎の抗菌物質を特定することに成功します。それはMGO（メチルグリオキサール）という物質でした。

　モラン博士は、その5年後、ある著作に掲載されたインタビューのなかで、こう語っています。（『Manuka:The Biography of an Extraordinary Honey』Cliff Van Eaton 著）

「マヌカハニーに特別な抗菌作用を促す物質が含まれていることを発見してからというもの、それがどんな物質であるのかを解明するために、20年以上、膨大な時間と労力を費やしました。

　そんなとき、ドレスデン大学（ドイツ）のトーマス・ヘンレ教授が率いる研究チームが、その物質がなんであるかを解明したのです」

　マヌカハニーだけがもつ特別な成分が、ヘンレ教授によってどんな物質であるか特定されたことによって、その後のマヌカハニーの研究は、それまでにないスピードで進展することになります。

　それは、モラン博士の夢――「マヌカハニーを世界中の人々の健康に役立てる」という願いの実現に向けて、また一歩、近づくことを意味しました。

🍃マヌカの花蜜、そこが原点だった！

　モラン博士とその研究チームは、マヌカハニーだけがもつMGOという抗菌物質について新しい事実を次々に明らかにしていきました。

まずひとつは、ミツバチがマヌカの花から集める花蜜には、MGO という物質がまったく含まれていないこと。そして、ミツバチの巣の中でマヌカハニーが熟成する過程で、MGO が新たに生成されていく事実を突きとめるのです。

　その一方で、マヌカの花蜜に含まれる成分の分析も進み、ある物質が突出して高い数値を示すことが判明します。DHA（ジヒドロキシアセトン）という名前の物質です。この物質をもっとも多く含むのはマヌカの花蜜です。そして、ミツバチの巣の中でマヌカハニーが熟成するにつれて、DHA が減少していくことが分ったのです。

　DHA が減少する一方で、MGO が増加する――。ミツバチの巣の中でなんらかの作用によって DHA から MGO が生成されるのではないかという推論にたどり着くのです。

　この仮説はその後の研究によって実証されます。その仕組みは専門的な話なのでここでは省略しますが、ひと言で簡潔にお話しすると、ミツバチがマヌカの花蜜を集め、羽ばたきをして水分を飛ばしたり、ミツバチがもつ酵素が作用したりすることで、花蜜に含まれる DHA という成分からマヌカハニーだけに備わる特別な抗菌物質 MGO が生じることが確認されたのです。

🍏 メカニズムの解明は未来に託す

　さて、ここまでなるべくわかりやすく書いてきたつもりですが、はたしてご理解いただけたでしょうか。UMF だ、MGO だ、DHA だと、頭に入りづらい表現はなるべく避けたかったのですが、実際にはなかなかむずかしく、その中でも精一杯シンプルに記したつもりです。

　ともかくも、ここまでお話ししてきた、マヌカハニーの特別な効能の仕組みについて、簡潔にまとめておこうと思います。ちょっと乱暴かもしれませんが、こうなるでしょうか。

ほかのハチミツにはない、マヌカハニーだけに備わる特別な抗菌性は、マヌカの花蜜だけに含まれる成分に由来しています。そして、この花蜜からミツバチがマヌカハニーをつくる過程で、特別な抗菌物質があらたに生成されて、マヌカハニーに備わる強力な殺菌力が生まれます。

　つまり、マヌカハニーのこの特別な効能は、マヌカの花蜜なくしてはありえず、しかも、ミツバチが介在することによってはじめて、わたしたちは唯一無二のハチミツの恩恵を手にしているのです。

　ニュージーランドという独自の生態系のなかで、古来、育まれてきたマヌカの木と、約180年前にイギリス人によって持ちこまれた西洋ミツバチの出会いは、やはり奇跡のコラボレーションだったんだな、とあらためて感じます。

　神秘のベールに包まれた、この比類なきパワーをもつ"ハチミツの謎"―― その一端は、こうしてモラン博士やヘンレ教授、そしてそれぞれの研究チームの努力のおかげで、少しずつ解明されてきました。

　しかし、その過程の詳細なメカニズムについては、まだまだ未知の部分が多く、解明は未来の科学者たちに託されています。モラン博士の永遠の願いであった「マヌカハニーが世界中の人々の健康に役立つ」場面が一刻も早く訪れるように、未来の研究に大いに期待したいと思います。

Chapter3
マヌカの森から届く 神秘の贈り物

The ultimate honey from the nature world

マヌカの花が満開のころ、ニュージーランドの空には数えきれないミツバチが舞っています。でも、この日はあいにくの雨。ミツバチたちは、巣を離れてマヌカの森へ花蜜を採りに出かけることができません。少々ご機嫌ななめです

マヌカハニーが出来上がるプロセスを知ろう

　みなさんはハチミツというと、加工食品のイメージが強いかもしれませんね。スーパーに行くと、ジャムや缶詰など、さまざまに調理された食品の隣りに並んでいるからかもしれません。もちろん食品に関する法律で加工食品に分類されていることもあるでしょう。

　でも、本来の意味で考えると、天然ハチミツは、加工食品ではありません。加工といわれるほど手を加えているわけではないからです。不純物を取り除いたり、よりクリーミーにするための作業が行われたりする程度です。

　どちらかといえば、八百屋さんやくだもの屋さんで買い求める野菜やフルーツなどの生鮮食品に近いと思っています。ただ、腐らない生鮮食品って、なかなかイメージしづらいですよね。

　マヌカハニーはもとより、天然ハチミツは、年によって採れる量が異なります。細かくチェックすれば色や味も、毎年違います。また、抗菌成分がどの程度含まれるかなど、品質も異なります。

　野菜やフルーツが美味しくできる年もあれば、そうでない年もあるように、毎年の出来が異なるのです。ニュージーランドの養蜂家に聞くと、それは「お天気しだいさ」という答えが返ってきますが、実際はどうなのでしょうか。

　そんな天然食材そのもののマヌカハニーが出来上がるまでのプロセスを、まず簡潔に追ってみることにしましょう。

マヌカの開花とともにやってくる超繁忙期

　南半球にあるニュージーランドは、日本と四季が逆になるため、マヌカハニーの採取は日本に冬が訪れる頃、最盛期を迎えます。

養蜂家によると、ミツバチは巣箱から3kmくらい離れた場所まで飛んでいって花蜜を集めてくるそうです。蜜源の花から思いのほか遠くに巣箱を設置するのですね

　開花時期は、その年の天候によって、また地域によって少しずつ異なりますが、だいたい夏のはじめの11月中旬から12月にかけて開花します。花が咲いている期間はおよそ4週間です。

　養蜂家は開花のタイミングに合わせて、あらかじめ準備をしておいた巣箱をマヌカの森に設置します。
　この時期は、ニュージーランドの養蜂家にとって一年でいちばん忙しい季節です。国内だけでなく、オーストラリアからも若い人たちが大勢アルバイトにやってきて手伝いをするそうです。
「この時期だけは、男の子たちが、ビーキーパー（養蜂家）の手伝いをするんだ。大好きなラグビーをあきらめてね」

前出のギズボーン出身のトニーさんは言います。

　ニュージーランドでは、養蜂事業者の 85％は巣箱の設置数が 50 以下の小規模経営ですから、短期間に仕事が集中するこの季節は、若い働き手が欠かせないのです。

　巣箱の大きさは、ちょっと大きめの段ボールほどですが、がっちりとした木製で、重さは段ボールとは比較になりません。しかも、働きバチが花蜜を集めてくれるおかげで、3 ～ 4 週間後には、ひと箱につき、少なくても 25kg、多いときには 40kg 近くのハチミツの重さが加わります。

　マヌカが開花するタイミングに合わせて、巣箱を一気に設置したり、ハチミツでいっぱいの巣箱を短期間で回収したりするのはとても大変！

　そうなんです。養蜂家の仕事って、とてもハードなのです。

🌿ミツバチに寄り添う養蜂家たち

　毎年、数回、ニュージーランドを訪れているけれど、なかなか、開花のタイミングに合わなかったわたしでしたが、2016 年に念願のマヌカの花との出会いが実現しました。

　モラン博士に紹介していただいた養蜂家の方にコンタクトを取り、ちょうど満開の時期に会いに行くことができたのです。

　マヌカはほぼニュージーランド全土で咲くけれど、どこのマヌカの森にたどり着くにも、たいてい飛行機や車で数時間を要します。

　この日も、プロペラ飛行機を降りてから、さらに数時間、車をひたすら走らせながらも、初めて訪れるマヌカの森への期待がしだいに高まり、気分はワクワクはずんでいました。

　ところが、こんなに待ち望んだ日だというのに、この日はなんと土砂降りの大雨。きっと日頃の行ないに原因があるに違いないと、自分を恨

ミツバチはこんな小さな花からほんの少しずつ花蜜を集め、マヌカハニーを生みだすのです

めしく思うことしきり。

　でも、マヌカの森に着いてみると、そんな雨にも負けず、マヌカは可憐な花をしっかり咲かせていたのです。その凛とした姿にわたしは感動と衝撃を受けました。

　それまで本や写真で数え切れないほど見てきたけれど、こうして目の前にしてみると、こんな小さな花がミツバチを介してマヌカハニーという二つとないハチミツを生み出していることが奇跡に感じられ、そのマヌカの神秘と自然のパワーに圧倒される思いでした。

　この森にマヌカの花が咲きはじめると、養蜂家は今までの経験や勘を生かしてハチミツを集めるのにベストなロケーションをみつけ、そこに準備していた巣箱を設置します。置く場所、置くタイミングがとても重要だそうです。

　養蜂家がいちばん大切にしているのは、自然と共存しながらミツバチに寄り添い、できるだけ自然のままで最高のハチミツを集められるような状況をつくることだといいます。それを実現するのは、養蜂家にとってとても大変なことだと思います。

🍃働きバチの花蜜集めとハチミツ作り

　働きバチはマヌカの花から花蜜を集めると、カラダの一部にある蜜嚢という袋に蓄えます。蜜嚢は花蜜をハチミツに変える酵素をもっています。この酵素によって、採取した花蜜をブドウ糖と果糖に転化させるのです。

　さらに働きバチは、マヌカハニーの糖度を高めるために、せっせと働きます。羽ばたきをして、マヌカハニーに含まれる70％ほどの水分を20％ほどまで減らします。こうして、ようやくマヌカハニーの最初の段階が出来上がるのです。

ミツバチもよく働きますが、ビーキーパー（養蜂家）もなかなか大変な仕事です。ミツバチが気分良く仕事ができるように、いつも気を配っています

　働きバチは、このハチミツを巣箱のなかの巣枠につくった蜜房に収めます。そして、マヌカハニーが熟成するころ蜜蝋（みつろう）で固めてフタをします。

　最近は、マヌカハニーにかぎらず、世界中でハチミツの人気が高まっているからでしょうか。少しでも早く市場に出すために、ミツバチが羽ばたきをして水分を十分に飛ばす前の段階でハチミツを収穫して、あとから人工的に加熱して水分を減らした商品もあるといわれています。
　いたずらに加熱すると栄養素のほとんどがなくなってしまうし、ハチミツ本来の風味も損なわれてしまいます。大量生産されるハチミツなど

Chapter3▶マヌカの森から届く神秘の贈り物　059

は要注意です。

　一匹の働きバチが一生につくるハチミツは約スプーン一杯といわれています。そう考えると、わたしたちの手元に届くハチミツがどれだけ貴重なものかがわかります。自然の恵みに感謝ですね。

　ちなみに、働きバチはすべてメス。しかも寿命は約1ヵ月。マヌカの花が散るころ、ハチたちもその短い生涯を閉じることになるのです。

🍃さあ、今年の出来はどうだろう？

　養蜂家たちは、いよいよ設置した巣箱を回収する作業に移ります。

　まず、巣箱から巣枠のハチの巣を取り外します。そして、巣に残っているミツバチたちをブラシでやさしく払います。

　次に、蜜蝋で固められたハチの巣のフタ部分を取り除きます。

　これを製造工場へ運んで、養蜂家の作業は終わります。

　先ほど、巣箱一箱当たりのハチミツの重さについて簡単に触れましたが、ニュージーランドの第一次産業省（MPI）が公表している統計をもとに計算すると、登録済みの巣箱一箱当たりのハチミツ採取量の平均は32kgだそうです。（「2016 APICULTURE」／ MPI）

　とはいうものの、ハチミツの収穫量は年によってばらつきが大きく、直近の6年間（2011 ～ 16年）を振り返ってみても、もっとも多い年は約40kg（2013年）で、もっとも少ない年は約24kg（2011年）でした。2013年は11年の1.6倍です。

　どうやら養蜂業という仕事は、収穫量が安定しない、なかなか厳しい事業なのですね。

　その原因のひとつが天候であることは冒頭で触れました。マヌカが咲いている時期に雨が多ければ、ミツバチは花蜜を集めるために巣の外へ

養蜂にはニュージーランドの先住民であるマオリの人たちがおおぜい携わっています。家族経営の養蜂所も数多くあります

出ることができません。

　また、一度開花しても気温が下がってしまうと、花の咲き具合がいまいちということも起きます。開花したとたんに、嵐がやってきて、せっかくの花が散ってしまうこともあります。

　そんな年は、いわゆる不作で、マヌカハニーの生産量は落ちこんで供給量が減り、その分、価格は高くなります。

🍃マヌカハニーの検査＆加工からボトリングまで

　ハチミツづくりの工程はここから第二段階に入ります。

Chapter3▶マヌカの森から届く神秘の贈り物　061

製造工場へ運びこまれると、まず、ハチの巣からハチミツを取り出す作業を行います。巣枠を抽出装置に入れて撹拌したり、遠心分離機にかけたりしてハチミツを抽出します。

　この採れたてのハチミツには蜜蝋などさまざまな不純物が混じっているので、さらにろ過器を通して純度を高め、その後、ドラム缶に移されて、充填工場へ運ばれます。

　ドラム缶に入ったハチミツが運びこまれるのは、ニュージーランドの行政によって認承された工場です。ここで、いくつかの検査・分析や安全チェックを経て、ボトル詰め、ラベルの貼付作業まで行われます。

　次にハチミツは融解室へと運ばれ、平均2日から4日、室温が摂氏40度に保たれたこの部屋で寝かせ、ゆっくりと融解させます。

　このあと、ドラム缶からポンプでハチミツを吸い上げ、ふたたびろ過機に流しこんで、さらに細かい不純物などを取り除く作業を行います。こうして出来上がったハチミツが、いわゆる生のハチミツで、できたてのほやほやといっていいでしょう。

クリームタイプが多い理由

　ハチミツ作りもいよいよ最終段階に入ります。

　今一度、ニュージーランドの位置を想像してみてください。オーストラリアの隣にある小さな島国というイメージが強いかもしれませんが、よく見ると、南島の先は南極に近いのです。

　そう、夏でも結構涼しく、また冬は世界中のスキー好きが集まるかなり寒いところなのです。

　みなさんの中には、家にハチミツを置いていたら、いつの間にか、固まってしまったなんて経験のある方もいらっしゃるでしょう。品質に問題はないし、天然のものだから結晶化するのは仕方ありません。

しかし、結晶化して固まったハチミツは使いづらい！　ということで、マヌカハニーを含むニュージーランドのハチミツの多くは、結晶化しづらいクリームタイプに仕上がっています。

　作り方は簡単、平均摂氏14〜18度に冷却されたハチミツに、スターターハニーと呼ばれる、すでに結晶化したハチミツをほんの少し加えて、時間をかけて撹拌します。

　このスターターハニーを核にして極小の結晶化が進みクリームタイプのハチミツが出来上がります。

🍏北島のマヌカハニーは高品質ってホント？

　先ほど、毎年の収穫量が、マヌカの花が咲く時期のお天気しだいで、大きく変動する話をしました。じつは、毎年変化するのは収穫量だけではありません。

　マヌカハニーの質、つまりあの特別な抗菌作用をもたらす成分の量も変化するのです。

　なんという物質でしたっけ？　舌を噛みそうな名前、そう、メチルグリオキサール（MGO）です。

　同じ地域のマヌカの森で、同じ養蜂家の手で採蜜されたマヌカハニーだからといって、前の年と同じ抗菌レベルのものが収穫されるかというと、なかなかそうはいきません。どうしてそうなるか、詳しくはわかっていません。

　まさに天のみぞ知る、神秘のハチミツなのです。

　ニュージーランドは日本に似ていて南北に細長い国です。北と南では気候が異なります。また、北島と南島は、南北に分かれた島なので、土壌も異なると言われています。

　「北島と南島で、どちらの方が品質の高いマヌカハニーが収穫されるん

南島西側に連なるサザンアルプスから流れ出る氷河は峰々を削り、深い渓谷を形づくりました。深いブルーが印象的です

ですか？ 少し前に、北島で採れるマヌカハニーのほうが高品質と聞いたのですが……？」
　こんな質問を何度か受けたことがあります。わたし自身も気になって、ニュージーランドへ出かけたときに、ビーキーパーに直接、訊いてみました。
　返ってきた答えは、明快でした。
「北がいいとか、南の方がいいとか、そんな話、聞いたことないなあ。……そんなんじゃなくて、お天気しだいさ。それとマヌカの花の咲き具合い……」
　だから、毎年、毎回、成分検査が必要になる、とおっしゃっていまし

た。

　どうやら、マヌカハニーを選ぶ際、原産地域が北島か南島かにこだわるのは、あまり意味がないようです。

🍃マヌカハニーが天然の食品である証

　マヌカハニーは、今や世界のスーパーフードとして脚光を浴びています。ほかのハチミツにはない抗菌成分をもつことから、その活用範囲は医療・医薬分野まで広がろうとしています。

　そんな状況の中で、ハチミツ作りの最前線にいる養蜂家がマヌカハニーにいだいている"神秘の恵み"という感覚と、マヌカハニーを愛用している消費者がいだく感覚のあいだには、若干のズレが生じているかもしれません。

「去年と同じブランドのマヌカハニーを買い求めたのですが、色が違う気がします。それって、不良品ですか……？」

　もちろん、不良品ではありません。

　マヌカハニーの消費者の立場で考えると、去年と同じものを今年も買ったのに、色が違うとか、味が違って感じるようなことがあると、なかなか受け入れにくいかもしれません。

　特別な抗菌作用をもつ高価なハチミツである以上、いつ買っても同じ品質であることに安心感を覚えるのは、たしかに消費者の心理として理解できます。

　もっとも、毎年、品質が異なるということは、まさに"天然"の食品であることの証です。もし、毎年、同じ色や風味のマヌカハニーが商品として並ぶとしたら、それは人工的な加工を加えて同質性を追及しなければ実現しません。

　もし、"天然"ということを大切に考えるとしたら、マヌカハニーが

マヌカの木とミツバチが生みだす"神秘の恵み"であることを、心の片すみに置いておくことが大切だと感じます。

ニュージーランドと日本は似ている!?

　ノースアイランド・ギズボーン出身のニュージーランダーで、マオリの血を引くトニーさんが、こんなことを言っていました。彼は日本にやってきて10年になります。

「日本とニュージーランドは、気候や文化などが、とてもよく似ていると感じるよ」

　日本もニュージーランドも、豊かな自然が四季を彩る温帯の島国であり、高い山と海に挟まれた狭い大地で、昔から農耕民族として知恵を絞って生活を営み、文化を形づくってきたところに、共通点を見出しているようでした。

　たしかにニュージーランド人には、日本人に似た島国気質のようなものを感じることがあります。お隣のオーストラリア人の大陸気質とでもいうのでしょうか？　おおらかでフレンドリーで、なにがあっても「NO WORRIES！（大丈夫、大丈夫）」という気質とは明らかに違います。

　先住民族のマオリの人たちの言葉であるマオリ語は、英語読みではなく、日本のいわゆるローマ字読みなので、意味は分からなくても読むことはおおむね可能ですしね。

　そういえば、マオリの人の家に泊めてもらったときに気がついたのですが、家の中では靴をぬぐ習慣があるようでした。

　ニュージーランドに行くとなんとなくほっとするのは、もしかしたらこうした生活習慣に共通点があるからなのかな？　とへんに納得してしまいました。

066

🍃大いなる自然に、自然体で寄り添うニュージーランド気質

　とはいうものの、日本人のわたしからみると、ニュージーランドの人たちの飾り気のない人柄や、とても温かい気質は、日本人とは少し異なるように感じます。そしてなにより、スケールの大きな壮大な自然環境の中で暮らしてきたからでしょうか。自然に対する姿勢が違うように思います。

　自然が生みおとす恵みに対して、人間も自然体を貫くような、おおらかさを感じます。

　曲がった野菜が採れたら、そのままを自然の恵みとして丸ごと受け取る……。曲がっていても、それを人間が意図して手を加えてまっすぐに変えるのではなく、手つかずの自然の中で伸び伸びと育った生命の恩恵をそのまま受け取る姿勢です。

　ニュージーランドと日本──。どちらがいいとか、悪いとかいうのとは違う、自然の受け止め方の違いといっていいでしょうか。

　1700年代中ごろまで、大陸から隔絶された孤島で、まったく独自の生態系を育んだニュージーランドで暮らすマオリの人々と、同じ島国とはいえ、古代から中国大陸の影響を受け、その中でいつの時代も独自文化を模索してきた日本の違いなのでしょうか。

　いずれにしても、マヌカハニーが豊作であれ不作であれ、品質が高かろうが低かろうが、その年のマヌカの花とミツバチがもたらす恵みとしてすべてを受け入れる姿勢が印象的です。

　いつの時代もさまざまな恵みを与えてくれる大自然に対して、力むことなく自然体で寄り添うマオリの人々の素朴でおだやかな気質を感じることができます。

Chapter3▶マヌカの森から届く神秘の贈り物　067

さまざまなハチミツの中でマヌカハニーだけに授けられた特別な抗菌パワー——。
それはこのハチの巣の中で生成されます。
その未知なる世界がいま科学の力によって少しずつ解明され、
いよいよ医療分野での活用が期待されています

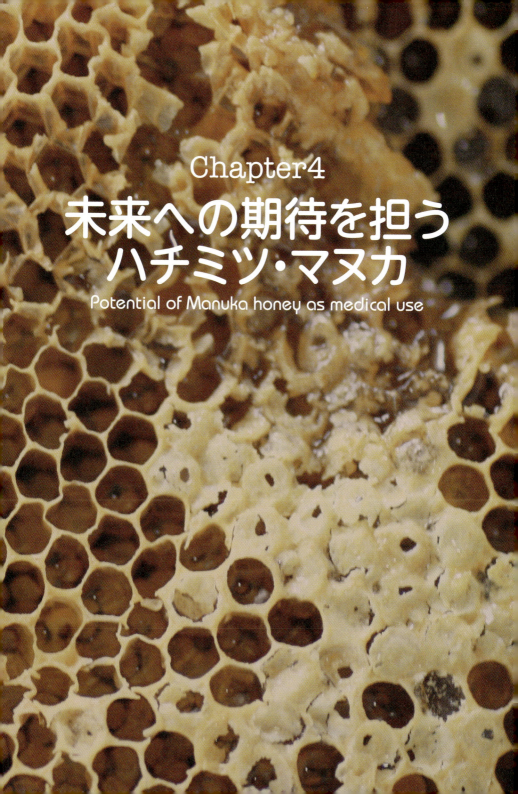

Chapter 4
未来への期待を担う
ハチミツ・マヌカ
Potential of Manuka honey as medical use

世界中の研究者の注目の的

　ニュージーランドの大自然の中で育ったマヌカと、ミツバチによる奇跡のコラボレーションによって生み出されたマヌカハニーに、今、科学の目が入り、その神秘の世界の解明が少しずつ進んでいます。

　このチャプターでは、マヌカハニー研究の最前線で、どんなことが起きているかについて、触れてみることにしましょう。

　モラン博士の"世紀の発見"から早や40年弱が過ぎようとしています。かつて、モラン博士が率いる研究グループが、マヌカハニーの分析や研究に取り組む唯一の存在だった時代と比較すると、様変わりといっていいでしょう。

　マヌカハニーは、世界中の大学や病院、製薬企業などの研究機関で、注目すべき研究対象になっています。

　世界中の人々の「健康なカラダ作り」にマヌカハニーを役立ててほしいと切に願ったモラン博士の思いは、こうして次世代に受け継がれようとしています。そしてその思いはわたしたち一般社団法人アジアJAPANマヌカ協会の思いでもあり、使命でもあります。

マヌカハニー研究の最新事情に触れてみよう

　マヌカハニー研究は、さまざまな角度からアプローチされています。

　マヌカハニーに備わる特別な抗菌力の解明を目指す研究者もいれば、特定の病気に対して、マヌカハニーの成分がどんな効き目を示すかを検証している研究機関もあります。

　また、マヌカハニーの突出した抗菌成分を活用する医薬品や、医療現場で使用する医薬製品の開発、研究を行っている企業もあります。

急ぎ足になりますが、具体的に列挙してみましょう。

オーストラリアのシドニー大学の分子・微生物生物学校の研究者は、2017年に発表した論文で、マヌカハニーがどんな抗生物質よりも高い殺菌効果を示すことを明らかにしました。

また、ニュージーランドのオークランド大学では、腸内微生物に対してマヌカハニーがどんな抗菌作用をもたらすかについて研究を進めています。

特定の病気に対して、マヌカハニーがどんな薬効をもつかに関する研究についても、いくつか触れておきましょう。

2015年にはアラブエミレーツ大学が、乳がんのがん細胞にマヌカハニーが効果あるという論文を発表していて、抗ガン研究におけるマヌカハニーの可能性に世界が注目するきっかけを作りました。

そのほか、オーストラリアのクイーンズ工科大学では、ドライアイの症状の改善にマヌカハニーが寄与したことが確認されました。2017年1月のことです。

また、イギリスのポーツマス大学と、サウサンプトン大学が共同で行った実験では、生命を脅かす危険性がある尿路感染症に、UMF15+のマヌカハニーを用いたところ、細菌の増殖が止まったことが発表されています。

さらに2017年1月、香港ポリテクニック大学と看護学校、香港教育大学、香港クイーンエリザベス病院などの専門家チームは、糖尿病の合併症のひとつである足の壊疽（えそ）に対して、マヌカハニーが効果的であるとの論文を発表しました。

天然素材マヌカハニーに高まる期待

また、医療先進国であるアメリカでは、すでに、医療の現場や一般消

費者向けに、高抗菌性のマヌカハニーを活用した商品の販売がはじまっています。

たとえば、1kg当たり最低400mgのMGO（メチルグリオキサール）を含む高抗菌性のマヌカハニーを浸透させた外傷用のガーゼや、マヌカハニーを用いた切り傷用のジェル、リップクリームなどがマヌカ製薬（Manuka Med）から発売されていて、米国の病院のなかには、正式採用を決定したところもあります。

実は日本でも、マヌカハニーやマヌカハニーに含まれる抗菌性物質MGO（メチルグリオキサール）に関する研究が行われています。

長崎大学大学院の医歯薬学総合研究科と株式会社AVSS（アンティバイラルスクリーニングシステム）が共同で行った研究で、A型だけでなくB型インフルエンザウイルスに対してMGOが強力な抗ウイルス作用を示すことが確認されたのです。

こうした研究がさらに進展して、マヌカハニーが実際に医薬・医療分野に導入される時代がやってくると、副作用が指摘されるインフルエンザのタミフルや、胃潰瘍・胃がんの原因になるといわれるピロリ菌を除去する抗生物質などに代わって、天然素材のマヌカハニーが主役に躍り出るようなことが起きるかもしれませんね。

🍏冷静な目で情報のチェックを

マヌカハニーをめぐるこうした研究成果は、2000年以降、徐々に増え続けてきました。具体的な事例をあげようとすれば、数え切れないほど出てきます。しかもこうした情報は、世界規模で瞬く間に広がるので、マヌカハニーの人気が過熱する要因になっています。

マヌカハニーを愛用するわたしたちにとって、専門家による学術的な

研究成果は、とても心強いものです。マヌカハニーへの信頼感がさらに増すからです。

ただし、こうした最先端の情報に振り回されないように気をつけてください。新発見が画期的であればあるほど、物事は大げさに、しかも簡略化されて拡散します。情報を正しく見極める目が必要です。

また、仮に、インフルエンザの既存の治療薬よりも、マヌカハニーの抗ウイルス作用の方がインフルエンザ治療に有効という研究論文が発表されたとしても、それがただちに医療現場に反映されるわけではないことを頭の片すみ置いておいてください。

最先端の研究成果が一般的な医療現場で採用されるまでには、長い時間をかけた検証の積み重ねが必要で、相当なタイムラグがあるからです。

とくに日本は世界の中でも新薬に関する認可の基準がとても厳しく、アメリカで認可されたとしても日本では認可されていないというケースはたくさんあります。

ですから、わたしたちはマヌカハニーに関する正しい情報と知識を持ち、自分の目的に合ったマヌカハニーを選別して、しかも自分のカラダに合った使い方を自分の手で工夫しなくてはなりません。

これは、自分のカラダと真剣に向かい合うプロセスのひとつと考えてやっていくべきことでしょう。

🍏アスリートを支えるマヌカハニー

こうした科学的な解明の進展とあいまって、体内への吸収が早く、即エネルギーに変換されるマヌカハニーが、アスリートたちに強く支持されています。

プロテニスプレーヤーで実力、知名度ともに世界の頂点に立つトップアスリート、ノバク・ジョコビッチ選手もマヌカハニーの愛用者です。

自著『ジョコビッチの生まれ変わる食事』（三五館）にこう書いてい

Chapter4▶未来への期待を担うハチミツ・マヌカ　073

ます。

"スプーン2杯のハチミツを口にするのだ。それも毎日だ。できるだけマヌカハニーというニュージーランド産の物をとるようにしている"

ジョコビッチ選手は、2011年から独自の食事法を開発して、フィジカルの大改革に取り組みました。その食事法のひとつに、マヌカハニーの摂取を取り入れたのです。この大改革が功を奏して、後のジョコビッチ時代の幕開けにつなげました。

食生活がどれだけ大切かを証明するエピソードですね。

そのほかにも、アスリートの中でマヌカハニーを愛用している人は大勢います。プロサッカー界では長友佑都選手もその一人です。「食生活を変える」をテーマに据えて、白砂糖を絶ち、代わりにマヌカハニーを取り入れることを提唱しています。

食べたものだけが血となり肉となります。カラダが喜ぶ栄養素がたっぷりの食材を吟味して摂取することを、みなさんもぜひ意識してみてください。

プロ・アマ問わず多くのアスリートたちが、運動前にハチミツを摂取することで、より良い結果が導かれることを証明しています。ハチミツに含まれる主要成分でもある、ブドウ糖と果糖が新陳代謝を高め、エネルギー消費による疲労を軽減すると考えられます。

スポーツドリンクではダメなんですか？　そんな疑問をもつ人もいると思います。じつはこれが、落とし穴なのです。市販のスポーツドリンクに含まれる糖質は、サッカロース（またはスクロース）と言って白砂糖です。これは一時的にしか、体内に蓄積されません。

持続的に体内に浸透することがないため、飲んだ直後はやる気満々！エネルギー全開！　という気分になるのですが、実際には、すぐに消費されて体内から消失してしまうため、その効果は長続きしません。こうした研究やデータ分析はすでにさまざまな研究機関で行われています。

マヌカハニーは、栄養豊富で食べてよし、アスリートにも、美容にもよし、しかも常温で長期の保存が可能で、火も使わずに摂取できます。そのうえ外傷の応急処置にも使えます。

その昔、軍人たちはハチミツを常備したそうです。ニュージーランドの登山家でエベレストの初登頂に成功したエドモンド・ヒラリーも、登山時にハチミツを携帯したという話は有名です。非常食に最適なのです。

🍃若きサイエンティストの心をとらえたマヌカハニー

さて、最後に最先端の医療研究とは少し色合いが異なる話題に触れておきましょう。

2015年のことです。「ブロードコム・マスターズ」という国際的な科学大会が開催され、その高校生部門で、アメリカの女子高校生（ハンナ・カヴァスコさん）が、見事2位を獲得しました。

彼女がこの大会で発表したのは、ニュージーランド産とオーストラリア産のマヌカハニーがガン細胞に対してポジティブな活性活動を展開する、という研究成果でした。

ハンナさんは受賞インタビューで、こう語っています。

「何年も前からマヌカハニーの治癒効果に着目していて、スタンフォード大学のヘラ子宮頸がん研究室に参加することが決まっているので、そこで今回の実験をシェアし、さらなる研究を進められることが本当に待ち遠しいです！」

満面の笑顔で答える爽やかな姿がとても印象的でした。

この高校生のインタビューに、マヌカハニーの将来に広がる明るい希望を垣間見る気がしました。マヌカハニーの医学的な効能というテーマが、こんな若い、才能あふれるサイエンティストの心をとらえたのですから、これほど素敵なことはありません。

Manuka.
Leptospermum scoparium.

Chapter 5
マヌカハニーを正しく選ぶために
Manuka honey for optimal health

1889年に出版された
『ニュージーランドの森林植物』に描かれているマヌカ。
おそらく現存するもっとも古いマヌカのイラストでしょう

🌿マヌカハニー選びのポイントを具体的に考えてみよう

　ここまでマヌカハニーについてさまざまな角度から書いてきましたが、それでは実際に試したいと思ったとき、どんな視点で選んだらよいか、まだはっきりとわからないという方も少なくないと思います。

　ネットや店頭にはいろいろな会社のさまざまな品名のマヌカハニーが所狭しと並んでいます。価格もさまざまですから、混乱してしまうのも頷けます。

　そこで、この章では、実際に購入する際の大切なポイントについて具体的にお話ししていきたいと思います。

　マヌカハニーのラベルには、その商品の特徴が実にさまざまな表現で示されています。たとえば、

「アクティブ」　　　　　　「高殺菌」
「100％未加工」　　　　　「医療グレード」
「ストロング」　　　　　　「ナチュラルマヌカ」
「100％オーガニック」　　etc.

　これらの言葉は、マヌカハニーならではの「抗菌性」や効能をもたらす成分の特徴を広く訴えるための表現です。

　とはいっても、マヌカハニーを初めて選ぼうとする人にとって、いえ、マヌカハニーのボトルを見慣れた人であっても、たとえば、"アクティブ"にどんな意味があって、"ストロング"とどこがどう違うのかと質問されたら、おそらくだいたいの人が答えに窮してしまうのではないかと思います。

　では、なぜもっとわかりやすい言葉で説明されていないのでしょうか。

その理由は、法律で制限されているからです。食品に分類されるマヌカハニーは、どんなに抗菌性や抗ウイルス性に優れた成分を含んでいても、日本国内ではクスリとして認可を受けないかぎり、いわゆる薬効、つまり「○○に効く」とか「××が治る」と表現することが薬事法という法律で禁じられているのです。

　かつてピーター・モラン博士は、マヌカハニーの殺菌作用に「ユニーク・マヌカ・ファクター（UMF)」という、まさにユニークな名称を付けました。

　その理由は、栄養補助食品であるハチミツの売り文句として、医療効果を匂わせる「抗菌力がある」や「△△病に効果がある」といった表現がニュージーランドでも禁止されていたからです。

　それは現在の日本でも同様なのです。そうした効果・効能をダイレクトに、かつ具体的に商品ラベルに表示することができないために、ラベルを見ただけでは商品の特徴が理解しづらいことになります。

🍀「なんとなく、良さそう」で選んではいけません

　では、ここで、先ほど事例にあげた商品ラベルに記されている"うたい文句"について、簡単に説明しておこうと思います。

　事例として掲げた７つの表現のうち、「アクティブ」「高殺菌」「医療グレード」「ストロング」の４つは、いずれもマヌカハニーの"特別な抗菌力"がより高いイメージを強調する意図があります。ただし、この４つを比較検討しても、どのマヌカハニーがより高い抗菌力をもつか、答えは見つかりません。

　また、「100％未加工」「ナチュラルマヌカ」「100％オーガニック」の３つは、その商品が天然自然のハチミツであることをより強く訴えようとしていることがわかりますね。

　でも、この３つのなかで、どの商品がより健康によいかを考えても、

Chapter5▶マヌカハニーを正しく選ぶために　　079

同様に答えは出ません。

　いずれにしても、ここで紹介したような、商品名の前後に書かれているコピーのイメージだけで、「なんとなく、良さそう」という買い方はあまりオススメできないといっていいでしょう。

🍏UMFとMGO──アルファベット表記の意味は？

　マヌカハニーを選ぶとき、みなさんにとって、もうひとつ、わかりにくいものがありますね。それはラベルにアルファベットとそれに続けて数字が表記されている場合です。

　具体的には「UMF」とか「MGO」といったアルファベット表記とともに、10＋とか300＋といった数値が表示されています。

　このアルファベット表記は、そのマヌカハニーの品質について、どんな視点で、どんな手法を用いて、なにを調べたか、つまり、品質評価にどんな方法を採用しているかを示すもので、それを簡潔に消費者に伝えるための"記号"みたいなものと考えてください。

　みなさんが目にする機会が多いのは、UMF と MGO の２種類だと思います。この二つが二大勢力といってよいでしょう。ただ、マヌカハニーの人気が急激に高まるなかで、新たな品質評価の方法がいくつも生まれています。

　本来であれば、そのひとつひとつについて詳しく解説すればよいのですが、内容が専門的な上に、紙幅も限られているので、本書では、"二大勢力"である UMF と MGO を例にとって話を進めたいと思います。

　実際のマヌカハニーのラベルには、こんな表記がされています。

　　UMF 10＋
　　MGO 300＋

見慣れないアルファベットの羅列に数字まで付記されていると、どうしてもとっつきにくく感じるかもしれません。

　じつはこの異なる二つの表記は、どちらもマヌカハニーの抗菌力の大きさを示すもので、しかも「UMF 10+」と「MGO 300+」と表示されるマヌカハニーの抗菌力の大きさは、ほぼイコールなのです。

　UMF 10+ ≒ MGO 300+

　なぜ、そうなるかというと、二つの数字につづく単位が省略されているからです。UMF10+は「パーセント」という単位が、MGO 300+は「ミリグラム」という単位が省かれています。

　どちらの数字も大きければ大きいほど、マヌカハニーならではの抗菌作用が、より大きく期待できることを示しています。

　ただし、数値が大きいものが、読者のみなさんのベストな選択であるかどうかは、人によって異なります。マヌカハニーをどんな目的で活用したいかによって、それに適した抗菌レベルがあるからです。これについては、あらためて後段で触れたいと思います。

🍃「UMF15+」とはなにを示しているのだろう？

　では、ここで、二大勢力であるUMF方式とMGO方式の、それぞれが示す内容の違いと、それぞれの長所と短所について触れておきたいと思います。

　UMFという言葉が誕生したいきさつについては、すでにチャプター2で詳しく触れました。

　あらためて簡単にお話すると、ニュージーランドのピーター・モラン博士が、マヌカハニーの強い抗菌作用を促す「特別な成分」に「ユニー

Chapter5▶マヌカハニーを正しく選ぶために　081

ク・マヌカ・ファクター」(UMF) と名付けたことにはじまります。

　マヌカハニーの商品ラベルに UMF と表記されている商品は、このモラン博士の研究課程における分析手法を基本に置いています。

　では、UMF 方式によって表示される数値のもつ意味について説明しましょう。前述したように、商品ラベルには、「UMF10＋」「UMF15＋」のように表示されています。

　この数値は、前述したようにマヌカハニーの抗菌力の大きさを示すものです。これを数値化するために、モラン博士は病院で使用される消毒液の抗菌力と対比する手法を採用しました。

　つまり「15＋」と表記されている場合は、濃度 15％の消毒液と同等の殺菌力をもつマヌカハニーであることを示しています。

　この消毒液はフェノール液と呼ばれていて、アメリカやイギリスなどの病院などで活用されています。実際に使用される濃度は 2 パーセント程度です。

　UMF 値としてマヌカハニーに表示される「UMF5＋」「UMF10＋」「UMF15＋」は、それぞれ濃度が「5％」「10％」「15％」以上のフェノール液と同等の殺菌力をもつことを示すので、マヌカハニーの殺菌力がいかに強力かがわかるでしょう。

🥝「MGO 300＋」の意味は？

　では、もう一方の「MGO 300＋」はなにを意味しているのでしょうか。

　MGO はメチルグリオキサールの略です。ドイツの食品化学の研究者、トーマス・ヘンレ教授が、モラン博士によって発見されたマヌカハニー固有の特別な抗菌成分である UMF が、メチルグリオキサールという物

同レベルの抗菌力を示すUMF値とMGO値の対照表

UMF値		MGO値
5＋	≒	100＋
7＋	≒	150＋
8＋	≒	200＋
9＋	≒	250＋
10＋	≒	300＋
11＋	≒	350＋
12＋	≒	400＋
13＋	≒	450＋
14＋	≒	500＋
15＋	≒	550＋
16＋	≒	600＋

濃度10％の医療用消毒液（フェノール液）と同等の抗菌力

マヌカハニー1kgに抗菌物質（MGO）が300mgが含まれる

※表の見方（例）／UMF15＋の抗菌レベルはMGO550＋とほぼ同等

質であることを突き止めたことを思い出してください。やはりチャプター2で、そのいきさつを詳しくお話ししました。

マヌカハニーのボトルにMGOと表記された商品は、ヘンレ教授が研究段階で行った分析法を基本に置いていることになります。

マヌカハニー1kgにどのくらいの量（mg）のMGOが含まれているかを表記することで抗菌力の大きさを表しています。

つまり「MGO 300＋」とラベルに表示されている商品は、マヌカハニー1kg当たり300mg以上のMGOが含まれていることを示しているのです。

UMFとMGO――。どちらもマヌカハニーの抗菌力を示す数値ですが、一方が消毒液の濃度（％）と対比する方式であり、もう一方が抗菌物質の含有量（mg）を表す方式なので、表示される数値がケタ違いであることに不思議はありません。

Chapter5▶マヌカハニーを正しく選ぶために　083

マヌカハニーを購入しようとするとき、ラベルに表示された数値だけに注目してしまうと、以前買ったのはこんな数字じゃなかったと混乱するケースもあるでしょう。

　そこで、本書では、こうした混乱を少しでも解消するために、同じ抗菌レベルを示すUMF値とMGO値を対比できる一覧表（83ページ）を掲載しました。ちなみに、この表の数値はモラン博士によって算出されたものです。

🍃UMF方式の長所と短所

　UMF方式を統括するのは、ニュージーランドに本拠を置くUMFハチミツ協会です。UMF値を使用できるのは、この協会に参加するメンバーのみと定めているので、シンプルで分りやすい仕組みです。

　UMF値を扱う販売会社には、個別のライセンス番号が与えられます（写真参照）。そして、すべてのメンバーに対して、品質評価の検査基準プログラムの履行を厳しく求めています。

　UMF値を使用する販売会社は、バッチナンバー（写真参照）と呼ばれる番号をラベルに表示しなければなりません。このナンバーによって、そのマヌカハニーが「ど

小さなラベルですが大切な情報はちゃんと記載されています

この工場で」「いつ製造され」「どの検査機関で分析が行われたか」について、インターネットを使って確認できるシステムを提供しています。

　トレーサビリティという言葉を聞いたことはありませんか。食品の産地から加工、流通・販売に至る一連の情報を追跡できる仕組みのことです。

　万が一、食品トラブルが起きるようなことがあっても、その経路をたどることで原因をいち早く明らかにし、また商品の回収を伴う場合にも、より迅速な対応を可能にするシステムです。

　また、成分分析については、UMF ハチミツ協会内ではなく、第三者の分析センターで行っています。身内ではなく第三者機関による分析であることが、品質評価の確かさを担保するポイントになっているといっていいでしょう。

　ただ、UMF 方式で表示される抗菌力の数値が、消毒液（フェノール液）の濃度と対比する方法なので、抗菌物質の含有量でストレートに表す MGO と比較すると、イメージしづらいという指摘も一部にはあります。

🍃MGO方式の特色

　では、次にもう一方の MGO 方式について考えてみることにしましょう。

　MGO 方式を UMF 方式と比較して、もっとも異なるのは、統括する組織がないところでしょう。つまり、UMF ハチミツ協会のような存在がありません。

　MGO 方式を確立したのは、ニュージーランド企業のマヌカ・ヘルス社です。同社は、UMF より後発の MGO を世界に広めるために、商標権などで MGO を囲いこむことはせず、オープンな環境に置きました。

UMF表記とMGO表記の違いを整理・比較してみよう

	UMF表記	MGO表
創始者	ピーター・モラン博士（ニュージーランド・ワイカト大学）	トーマス・ヘンレ教授（ドイツ・ドレスデン大学）
由来	1981年にマヌカハニー固有の抗菌作用を発見。1998年に抗菌作用を促す成分にUMF（ユニーク・マヌカ・ファクター）と命名した。	2008年にマヌカハニー固有の抗菌作用をもたらす抗菌物質がメチルグリオキサール（MGO）であると特定した。
成分分析の特徴	どんなハチミツにも含まれている抗菌成分を取り除いたうえで、マヌカハニー固有の抗菌力を分析・評価した。消毒液であるフェノール液の濃度（％）と対比して数値化。	マヌカハニー（1kg）に含まれる抗菌物質メチルグリオキサール（MGO）の分量（mg）で抗菌力の大きさを明示。
表示例	UMF5＋　UMF10＋ UMF15＋	MGO100＋　MGO300＋ MGO550＋
管理団体	UMFハチミツ協会（Unique Mānuka Factor Honey Association）	（統括組織はない）
特色	UMFハチミツ協会の会員のみがUMF表記を使用できる。トレーサビリティシステムを導入している。	統一的な検査・分析基準が設けられていない。

したがってマヌカハニー市場に新たに参入する会社でも、比較的自由に MGO 表記を使用することができます（日本を除く）。その結果、MGO 方式を採用する販売会社の数は大幅に増えました。

しかし、その一方で、UMF 方式のような統括する組織をもたず、決まり事もほとんどありません。たとえば、MGO の表示形式すら決まった形がありません。MGO® や MGO™、MG、MGO など微妙に異なる表記が混在しています。

世界中の商品をネットで検索できる消費者にとっては、その違いがどこにあるのかわかりづらく、混乱を生む原因にもなっています。

また、UMF 方式が第三者機関による分析を義務付けているような統一的な検査・分析基準も設けられていません。

つまり信頼度は、それぞれ個々の販売会社の裁量にゆだねられているわけです。ここが UMF 方式と MGO 方式のもっとも大きな違いだといえるでしょう。

UMF と MGO を例にとって、品質評価の方法が異なるマヌカハニーをどのように比較するかを具体的に示しながら、それぞれについて一歩踏み込んで解説してみました。マヌカハニーを購入する際の参考にしていただければ幸いです。

🍃信頼されるマーケットを築くべき時代の到来

ニュージーランドの行政は、2014 年に「サイエンス・プログラム」と題して、信頼のおけるニュージーランド産マヌカハニーのブランドを確立するために、その第一歩として、大掛かりな調査・研究プロジェクトをスタートさせました。

世界で拡大するハチミツマーケットのなかで、ニュージーランド産のマヌカハニーを明確に差別化する科学的根拠を洗い出し、それに基づい

Chapter5▶マヌカハニーを正しく選ぶために　087

てマヌカハニーの定義づけをおこなって、生産から流通、販売、輸出にいたるすべての工程を政府のリーダーシップの下で管理すること、そしてその信頼性を世界に向けて鮮明に打ち出すのが目的でした。

そして、3年が経過した2017年4月に、3年間つづけてきた数多くの研究成果とともに、今後の取り組みについて政策を発表しました。

まず「マヌカハニー」と表示される商品の定義として、次の三つを掲げています。

①ニュージーランド産であること
②マヌカ特有の成分を天然の状態で含む、高品質であること
③マヌカの木だけを蜜源とするモノフローラルマヌカハニーであること

ニュージーランドは、今後、この三つの条件に当てはまるハチミツだけをマヌカハニーとして輸出する目標を掲げたわけです。つまり、輸出先に対して、この3点において品質を保証するということです。

それを実現するための新しいシステムの導入に向けて、養蜂家や専門機関、コンサルタントらが共同で、具体的な施策について最終調整を行っています。（2017年8月現在）

このシステムはGREX（General Export Requirements for Bee Products for Participants in the honey export chain）と呼ばれています。

このシステムが稼働すると、マヌカハニーを輸出するには、従来の食品安全基準をクリアするだけでなく、同時に、ニュージーランドの第一次産業省（MPI）の認証を受けることになります。どんな形式になるかはわかりませんが、政府公認を示す表示が加わることになるでしょう。

政府による厳しい基準をクリアし、その認定を受けたマヌカハニーのみが流通することになるとしたら、これまでのような消費者にわかりづらい状況は解消に向かうのではないかと期待されています。

この発表に併せて、ニュージーランド政府は、消費者に向けて、新システムの GREX が稼働するまでの移行期間におけるマヌカハニーの購入について言及し、MPI（第一次産業省）によって認定を受けた「分析センター」で成分分析が行われたマヌカハニーの購入を推奨するとして、認定分析センターのリストを公開し、随時更新しています。（2018 年 2 月時点で 74 社）

（http://bit.ly/RLPLIST）

🍃マヌカハニーを選ぶチェック・ポイント

　では、このチャプターの最後に、マヌカハニーを選ぶ際のポイントを簡潔にまとめることにしましょう。

　選ぶ際の大切なポイントは二つあります。

　まず店頭やネット上で、マヌカハニーのボトルを見つけたら、購入する前に商品をよく見て、必要最低限の情報をちゃんと入手するようにしましょう。

　こんな言い方をすると、とても厄介なことに感じるかもしれませんね。でも、心配はいりません。とても簡単なことです。なぜなら、ボトルに貼ってあるあの小さなラベルにちゃんと表示されているからです。

　必要最低限の情報ってなんでしょうか。確認すべきことが三つあります。

　①一つは、原産国の確認です。

　②二つ目は、前述した UMF や MGO など、マヌカハニーがもつ特別な抗菌性をどんな方法で評価しているかを示すアルファベット表記を確認しましょう。

　③そして三つ目は、そのマヌカハニーがもつ特別な抗菌力の大きさがどのレベルかをアルファベット表記に続く数字で確認しましょう。

Chapter5▶マヌカハニーを正しく選ぶために　089

なぜ原産国が大切なのでしょうか。

マヌカの木はニュージーランド固有の植物です。そして、ニュージーランドは18世紀後半にヨーロッパ人が移り住むまで、独自の生態系を維持してきた国です。

ニュージーランドならではの厳しい気候条件や土壌をもつ大自然の中で、マヌカの木は自生し、長い時間をかけて、強靭な生命力を育んできたのです。

マヌカハニーの人気が高まるにつれ、隣国のオーストラリアを始めとするさまざまな国でマヌカの栽培が始まっているようですが、土壌や気候条件が異なれば、マヌカハニー本来の品質と同等のハチミツが採れるとはかぎりません。

また、安全性やこれまで蓄積されてきたノウハウを考えると、現時点ではニュージーランドより秀でた国はないでしょう。

ちなみにUMF方式では、ニュージーランド国内で瓶詰めされたマヌカハニー以外にUMFと表記されることはありません。

🍃あなたはマヌカハニーをなんのために活用したいですか？

マヌカハニーを選ぶ際の、二つ目のポイントとはなんでしょうか。

それは、あなたがマヌカハニーを活用する目的をはっきり意識して、それに見合うグレード（抗菌力の大きさ）の商品を適切に選択することです。これはとても大切なことです。

あなたはどんな目的でマヌカハニーを活用したいと考えていますか？

たとえば、マヌカハニーの風味をとても気に入っていて、朝食のトーストや紅茶、あるいは日常の料理に、ふだん使いで気楽に、しかもたっぷり使いたいという方がいると思います。

また、別の目的でマヌカハニーを試している方もいます。季節の変わ

目の前に迫る高山と大海に挟まれた狭い大地——。穏やかな四季の移ろいに染まることもあれば、厳しい自然が牙を剥くことも。18世紀末まで手付かずのまま独自の生態系を維持したこの自然こそ、ニュージーランドの宝物

り目になると体調を崩すことが多いので、体質の改善に役立てたいという人です。

こうした目的によって、それに適したグレード（抗菌力の大きさ）は異なるのです。

自分の目的に見合うマヌカハニーを選ぶには、なにはともあれ、自分自身の中でどんな目的でマヌカハニーを活用したいかについて、より具体的に考えてみることが大切です。

それをはっきりと意識したうえで、先ほど触れた②と③、つまり、ラベルに表記されているアルファベット表示と、それに続く数字を確認して、そのマヌカハニーに含まれる特別な抗菌力が、はたして自分の目的に合うレベルのものかどうかをチェックしましょう。

そうすることで、いたずらに高グレードの高額なマヌカハニーを買ってしまうことを避けられるし、効果のないものを間違って食べつづけることもなくなるでしょう。

　ちなみにマヌカハニーとかマヌカと表示されていても、UMFやMGOなどのアルファベット表記のないものや、抗菌力を示す数値が書かれていないものもあります。

　これらは、いわゆる「テーブルマヌカ」といい、残念ながらマヌカハニーに含まれる特別な抗菌力のレベルが低いので、味が好きで、ふだん使いでより気軽に使いたいという方にお勧めでしょう。

🍃あなたの目的に合ったグレードを選ぶ

　では、次に"目的"に見合うマヌカハニーのグレードについて、具体的にお話ししたいと思います。

　わかりやすくするために、多少乱暴かもしれませんが、目的別に三つのパターンに分けて考えてみることにしましょう。

【Aパターン】料理など、ふだん使いで積極的に使いたい方
【Bパターン】体質の改善など、健康を維持・管理するために活用したい方
【Cパターン】メディカルハニーとして、より薬用的な効果を求める方

　みなさんそれぞれ、マヌカハニーを試してみたい理由はさまざまだと思います。この三つのパターンのうち、どれに当てはまるか、より近いもので考えていただくのがよいと思います。

　たとえば、ふだんから食材に気を配り、少しでもカラダに良いものを選んでいるという人や、料理に使う砂糖をマヌカハニーに代えたいという方なら、【Aパターン】ですね。

また、毎日の疲れがなかなか抜けないという人や、体質的に胃腸が弱い人、あるいは季節の変わり目などで風邪をひきやすい、お肌にトラブルが出やすいなど体調管理に悩んで、体質を改善したい、免疫力をつけたいという方は【Bパターン】と考えてください。

【Cパターン】はというと、たとえば、ひどい風邪をひいてダウンしたときや、極度に疲れがたまったときなど、いざというときにマヌカハニーの効用を活用したいという人です。

　あくまでも目安ですが、これらの目的パターンごとに、以下にまとめた３段階の抗菌グレードの商品群から選ぶのが、もっとも効率のよい活用法といえるでしょう。

　ついでといってはなんですが、それぞれのグレードのだいたいの価格帯についても付記しました。ぜひ参考にしてみてください。（平均価格帯は2017年9月時点で概算しています）

活用目的に最適な抗菌グレードと平均価格帯
（ニュージーランド産マヌカハニー）

【Aパターン】食事などで日常的に、たっぷり使いたいなら……

	（抗菌グレード）		（平均価格帯）
A群	UMF 5＋	MGO 100＋	3000円前後

【Bパターン】免疫力の向上など、健康維持を目指すなら……

	（抗菌グレード）		（平均価格帯）
B群	UMF 10＋	MGO 300＋	5000円前後

【Cパターン】メディカル・マヌカハニーとして活用するなら……

	（抗菌グレード）		（平均価格帯）
C群	UMF 15＋	MGO 550＋	1万円前後

マヌカハニーの分析検査レポート

Analytical Laboratory Report

Laboratory Reference: 141267 B
Date Received: 11-Jul-14
Date Completed: 14-Jul-14
Order No. / Ref:
Report Status: Final

Submission Sample Summary

Samples Received	Total	Sample Type
Samples Received	1	Honey

Results Summary

Laboratory ID	Sample ID	UMF® *
141267_002	893933	11.9

* Note: UMF is calculated from the UMFHA website using the conversion calculation from Methylglyoxal to NPA equivalent.

Method Summary

Samples were analysed as received by the Laboratory using UPLC with diode array detection.

Analyst Comments: None

Terry Cooney, Ph.D.
Managing Director
Analytica Laboratories Ltd.

Page 1 of 1

Analytica Laboratories Limited, Ruakura Research Centre, Ruakura Road, Hamilton 3240, New Zealand
Phone +64 (7) 974 4740   email sales@analytica.co.nz   www.analytica.co.nz

Print Date: 17-Jul-14   This test report shall not be reproduced except in full, without the written permission of Analytica Laboratories

■さらに入念にマヌカハニーを選びたい人のために

　さらにこだわりをもってマヌカハニーを選びたいという方に、もうひとつ、とっておきの方法をご紹介しましょう。

　販売会社によってはマヌカハニーの分析検査レポートを用意しているところがあります。マヌカハニーならではの抗菌レベルの検査結果を明らかにする品質保証書といってよいでしょう。

　ただし、このレポートを自力で入手しようとしたら、ネット上の英語表記のサイトで探さないと見つかりません。慣れるまでには相当な労力が必要です。

　そこで検査結果の内容をどうしてもチェックしたいという方は、マヌカハニーを購入する際に取り扱い販売会社に問い合わせるのが、一番簡単で確実な方法といえるでしょう。

　マヌカハニーの市場はまだまだ発展途上です。信頼に足るマーケットへ向けて、着実に一歩ずつ進んでいくでしょう。そして医療、美容、スポーツなどさまざまな分野で、この天然の貴重な産物マヌカハニーがみなさんの健康増進に役立つことを大いに期待して、これからも見守っていきたいと思います。

Q 1 賞味期限は？

Q 2 保存法は？

Q 3 ゼロ歳児には？

Q 4 体力が弱った高齢者には？

Q 5 それって、不良品!?

Q 6 妊娠中は？

Q 7 加熱すると？

Q 8 1日にどれくらい？

Q 9 マヌカハニーの「アメ」って？

Q10 薬と併用すると？

Q11 とくにオススメの人は？

Q12 オーラルケアには？

Q13 ペットや動物には？

Q14 花粉症に？

Q15 ケガや火傷には？

Q16 発がん性の噂が？

Q17 ダイエット中ですが……？

Q18 美肌のために？

Q19 どのくらい続ける？

Q20 新しい活用法のアイデアは？

Q&A
マヌカハニーで
？と
思ったら
Answers to FAQ

Q1
マヌカハニーの**賞味期限**について教えてください。
A

　ハチミツは腐らない唯一の食品で、それはマヌカハニーも同じです。本物のマヌカハニーの場合、砂糖や人工的な甘味料を加えていないので、何年も品質が劣化することがないと考えられています。

　ただ、ハチミツは加工食品に分類されるので、日本の食品衛生法で賞味期限の表示が義務付けられています。普通のハチミツは2～3年、マヌカハニーはおおむね3～5年という賞味期限が表示されています。

Q2
いちばん適切な**保存法は？**
A

　直射日光や高温を避けて保存してください。開封後はフタをしっかりとしめること。また、食べる際に水分やパンくずなどが瓶のなかに入らないように気をつけましょう。ハチミツの種類によっては、夏の暑い時期は冷蔵保存がよいものもあるので、よくわからない場合は販売元に問い合わせてください。

Q3
ゼロ歳児にハチミツはダメ、と聞きますが、マヌカハニーは？
A

　マヌカハニーを含むすべてのハチミツには、少量のボツリヌス菌が含まれています。通常、大人が食べてもボツリヌス菌が消化管の中で増殖することはありませんが、腸内細菌が未発達の1歳未満の乳幼児がハチミツを食べると、中毒を引き起こす可能性があります。マヌカハニーもハチミツも、1歳未満の乳幼児に与えてはいけません。

Q4

体力が弱った**高齢者に**、マヌカハニーはどうでしょうか？　強すぎる、ということはありませんか？

A

　高齢になればなるほど、胃腸の吸収力が衰え、バランス良く栄養を吸収することが困難になるケースが多くあります。認知症やアルツハイマー病などは、その原因のひとつに、脳の栄養不足が挙げられています。

　マヌカハニーは体内への消化吸収が早く、即エネルギーに変換されるため、高齢者の方にはむしろ、積極的に勧めています。

　また、年齢を重ねるほどに、歯周病など歯の疾患も増えてきます。口の中の細菌が原因となり、そのほかの病気を引き起こす可能性も高まります。抵抗力、免疫力の低下が重なれば、細菌はあっという間に体内に広がります。

　ですから抗菌・抗ウイルス作用が期待できるマヌカハニーは高齢者にもお勧めです。ただし、持病のある人や不安に思う方は、かかりつけ医に相談してください。

Q5

前回と同じマヌカハニーを買ったのに、色も違うし、粘り気も異なるような気がします。**不良品なの**でしょうか？

A

　これこそが、天然のハチミツであることの証です。同じブランドでも収穫された時期が異なれば、色や質感が異なるケースが多いのです。天然ハチミツは、規格品のハチミツのように添加物を加えて同じ色に保つこともありません。採蜜された、そのタイミングでしか味わえない風味を、ぜひ楽しんでください。

【Q&A】▶マヌカハニーで？と思ったら　099

Q6

妊娠中や授乳期間中に食べても平気ですか？

A

　はい、妊婦さんや授乳期間中の方でも大丈夫です。摂取することで、胎児への栄養補給、授乳の栄養補給、精神安定、不眠などにも役立つので、むしろ積極的に摂取してください。

Q7

マヌカハニーを加熱すると、抗菌力が失われることはありませんか？

A

　マヌカハニーの抗菌成分は、熱に強いので、温かいお湯や紅茶などに溶かしても、また料理に加えて加熱しても、抗菌作用は変わりません。スプーン一杯のマヌカハニーを常温で舐めるのと同じ効果をもちます。

　ただしフライパンなどでマヌカハニーを直火加熱して焦がしてしまうと、本来の成分そのものが失われてしまいます。ご注意ください。

Q8

マヌカハニーは1日にどれくらい食べるのがいいの？

A

　ニュージーランドでは、大さじ1杯のマヌカハニーを1日4回、2週間継続して摂取しても、健康被害がないことが証明されています。だからといって、過剰摂取はディメリットを生じさせる可能性があります。1日小さじ1〜4杯を目途に摂取することをお勧めします。

　過去にハチ関連のアレルギーを起こしたことがある人の場合には、何かしらの症状が皮膚にでることも考えられます。体質に合っているかどうか不安な方は、かかりつけ医に相談してください。

Q9

ニュージーランド産の**マヌカハニーを使った「アメ」**には、マヌカハニーをそのまま食べるのと同じ効果がありますか？

A

　いちばん効果的な摂取のしかたは、もちろんマヌカハニーをそのまま食べること。

　でも、どんな目的で利用したいかによって異なるでしょう。アメは携帯するにはとても便利なので、ノドが痛いとかイガイガするとき、いつでも、どこでも手軽に舐めることができます。

　ただ、マヌカハニーの成分を含んでいるといっても、アメに加工しているのでほかの素材や成分も含まれています。また、どのグレードのマヌカハニーがどのくらい含まれているかがポイントですね。

Q10

ふだん服用している常備薬や、病院で処方された**抗生物質などと併用**しても問題ありませんか？

A

　マヌカハニーは、ニュージーランドやイギリスなどでは医療向けハチミツとしても活用されていますが、クスリではありません。あくまでも、栄養補助食品・健康食品に分類される「食品」です。通常の食品同様に考えれば、クスリと併用しても基本的に問題ありません。心配な方は、かかりつけの医師やクスリを処方してもらっている薬剤師などに確認するとよいでしょう。

Q11

とくに**こんな人にオススメ**、というのがあったら教えてください。

A

　マヌカハニーは、とくに胃腸の弱い方に試していただきたいハチミツ

【Q&A】▶マヌカハニーで？と思ったら　　101

です。継続して食べることで、胃腸の調子を整えて、不快感や下痢、便秘の症状を和らげてくれることが期待できます。また、胃潰瘍や胃がんの原因とされるピロリ菌の除去にも効果的といわれています。

おすすめの食べ方としては、朝、昼、晩の食事の 30 分ほど前と、寝る前の 1 日 4 回、スプーン 1 杯程度をゆっくりなめるように摂取してください。

Q12
オーラルケアにも有効なの？
A

抗菌・抗ウイルス性に優れるマヌカハニーは、オーラルケアにも有効と考えられています。モラン博士も論文で虫歯の原因といわれるミュータンス菌などの細菌の抑制や、歯垢や歯肉炎の改善に効果があると紹介しています。

Q13
ペットや動物に使っても大丈夫ですか？
A

マヌカハニーは、人間だけのものではありません。海外では、動物とマヌカハニーの事例をよく目にします。実際にわたしが訪れたニュージーランドのある養蜂所でも、飼っていた馬が大けがを負ったけれど、マヌカハニーを使って全快したというケースがありました。

あるとき、谷に転落して、動けなくなったところをヘリコプターで救助されたのだそうです。ビーキーパーの話によると、マヌカハニーを使うと、キズの治りが早いだけでなく、傷口がとてもきれいになるのだそうです。（写真参照）

愛犬家の中には、口臭の予防にマヌカハニーを活用している人もいるようです。愛犬の鼻先に、少量塗ってあげてください。自分からぺろぺ

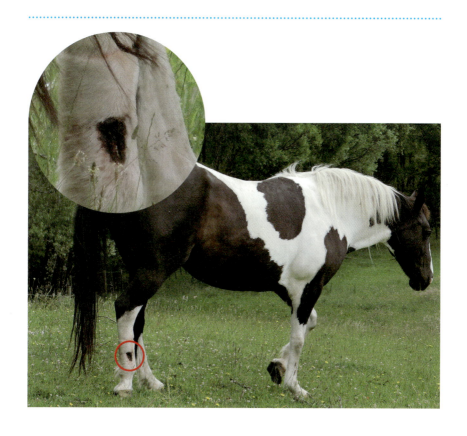

ろなめてくれます。動物たちの健康維持にも大いに役立つアイテムになるでしょう。

Q14
花粉症が治ったという話を聞いたことがありますが……？
A
　医学的にはまだ解明されていませんが、マヌカハニーを愛用する人の中には、体調維持や健康目的で食べ続けていたら、いつの間にか花粉症の症状が改善したという人が実際にいます。マヌカハニーを継続して摂取すると、カラダの免疫力がアップします。その結果、カラダの中でさ

まざまな好連鎖が生まれて、アレルギー体質の改善に結びついたのではないかと思われます。

Q15
ケガや火傷にもいいって聞いたけど……？
A

　ニュージーランドでは、キズ用パッド（絆創膏）のガーゼ部分にマヌカハニーを含ませたものが販売されています。また、入院患者の床ずれや足の潰瘍などにマヌカハニーを使用している病院もあります。切りキズや擦りキズに、また軽いやけどの際は水で冷やした後に、患部にマヌカハニーを塗っておくと、ひりひり感が早くとれるようです。

Q16
マヌカハニーに含まれるMGO（メチルグリオキサール）に、**発がん性**があると聞いたことがあるのですが……？
A

　これはマヌカハニーの話ではなく、メチルグリオキサールに関するある研究に尾ひれがついて、噂となり広まったものです。そもそも、発がん性があることが研究で実証されていたら、アメリカの厳しいＦＤＡ（食品医薬品局）の認定も受けられませんし、医療機関で使われることもないでしょう。むしろ、現在、世界各国で取り組んでいるマヌカハニーの研究テーマは、「抗ガン効果」であり、その対象はあらゆるガン細胞に向けられています。

Q17
ダイエット中なのですが、糖分が多いマヌカハニーを食べても大丈夫？
A

　甘い、イコール、カロリーが高い、ダイエット中はダメ！　こんな発

料理に使う砂糖をハチミツに代えると40%カロリーカット

ハチミツの甘みは砂糖の**3**倍

↓

使う分量は三分の一でOK！

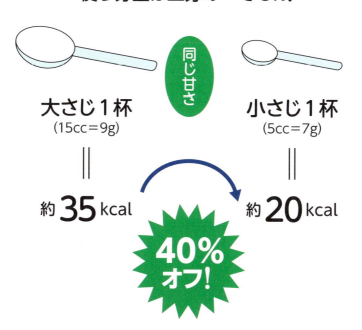

【Q&A】▶マヌカハニーで？と思ったら

想は不要です。

　ハチミツに含まれる糖分のカロリーは、砂糖の3/4です。甘みは3倍あります。ということは、大さじ1杯（15cc）の砂糖を使う料理で、これをハチミツに代えると、1/3の分量、つまり小さじ1杯（5cc）のハチミツで同じ甘味付けができます。

　これをグラム換算してカロリーを計算すると、砂糖大さじ1杯（9g）は約35kcal、これをハチミツ小さじ1杯（7g）に代えると約20kcalです。カロリー摂取量を約4割も減らすことができるのです。上手に使えばダイエット効果も期待できるのではないでしょうか？

　しかもハチミツは、砂糖と違ってビタミンやミネラルをはじめ150種類以上の豊富な栄養素を含んでいます。また、主成分にブドウ糖と果糖をもつ「単糖類」です。つまり消化器への負担が軽く、素早く体内に吸収されます。

　マラソン選手をはじめ、アスリートがハニードリンクやハニーレモンを愛用する理由はそこにあります。体力が落ちたとき病院へ行くと、ブドウ糖注射をよく打ちますよね。ブドウ糖は短時間で体力を回復させる力を秘めているのです。

Q18
マヌカハニーを**美肌のために**活用したいと思います。直接お肌に塗る方法と、食べたり飲んだりして体内に摂取する方法では、どちらが効果的ですか？

A
　実際にこのような実験が行われているわけではないので、断言はできませんが、ニュージーランドのスパでは、マヌカハニーを使用するフェイシャルなどのメニューが人気です。ですから、どちらも一定の効果が期待できると思います。

　マヌカハニーがお肌に浸透して保湿力がアップし、抗菌作用でお肌の

トラブルが解消して、整うという感じでしょうか。いちばんの理想は、カラダの内側と外側の両方から変えていく方法です。なに事もバランスが大事ですので、どちらか一方というよりは両方から試してみてください。

Q19

お肌の健康を保つために、それなりの価格のマヌカハニーを買ってみました。**どのくらいの期間つづける**と、効果を得られますか？

A

　お肌の改善を目指すには、やはり3カ月は継続することをお勧めします。自然の恵みからつくられる自然化粧品や健康食品、栄養補助食品は、即効性を期待するのではなく、継続性を重視して初めてその効果を実感できるはずです。

Q20

マヌカハニーの活用法で、新しいアイデアはありませんか？

A

　新しいアイデアではありませんが……、こんなおススメをしています。

　マヌカハニーは、常温で長期保存が可能で、栄養が豊富。しかも吸収が早い。抗菌力が高いから、火を使うことなくそのまま食べることができ、そのうえ、キズ薬や消毒薬の代わりにもなる。

　マヌカハニーのこんな特徴を最大限生かすことができるシーンって、どんな場面だと思いますか？

　その答えは、災害時の非常食です。最近増えている想定外の大雨や巨大台風、そして地震……。防災グッズを入れるリュックサックのなかにメディカル・グレードのマヌカハニーを一瓶、入れておくだけで安心感が違います。

【Q&A】▶マヌカハニーで？と思ったら　107

参 考 文 献

著作

・『Manuka:The Biography of an Extraordinary Honey』(Cliff Van Eaton著／
EXISLE publisher　2014)

・『ニュージーランド百科事典』（ニュージーランド学会編著／春風社　2007）

・『The forest flora New Zealand』（T.Kirk著　1889)

・『New Zealand Medicinal Plants』(S.G.Brooker and R.C. Cooper著　1960)
Auckland War Memorial美術館所蔵

・『The healing power of Manuka Honey』(Laurie Lacey著　2012)

・『Maori Madeical Lore』(Best E著　1905-1906)

・『Journal of the Right Hon』(Sir Joseph Banks編)

・『Colour of Manuka』(Hare Hongi著　1931) NZ国立図書館所蔵
https://paperspast.natlib.govt.nz/newspapers/EP19310903.2.65

・『ジョコビッチの生まれ変わる食事』（ノバク・ジョコビッチ著／三五館）

・『長友佑都の食事革命』（長友佑都著／マガジンハウス　2017)

WEB SITE

・一般社団法人アジアJAPANマヌカ協会　http://f-manuka.org/

・UMFHA（UMFハチミツ協会）　http://www.umf.org.nz

・MPI（ニュージーランド第一次産業省）　http://www.mpi.govt.nz/

・ニュージーランド百科事典オンライン　www.teara.govt.nz

・ニュージーランド国立美術館　www.tepapa.govt.nz

・ANPSA（Australian Native Plants Society）　オーストラリア原産植物協会オンライ
ン　anpsa.org.au

・New Zealand「ガーデンジャーナル」2008.12 Vol.11（2）
「New Zealand manuka：A brief account of its natural history and human
perceptions」Jose G.B. Darraik
https://www.derraik.org/resources/Publications/n017.Derraik_2008-NZ_

Garden_J.pdf

・Broadcom MASTERS（ブロードコム・マスターズ）

　https://student.societyforscience.org/broadcom-master

・一般社団法人日本養蜂協会　http://www.beekeeping.or.jp/

・Meaning of Trees

　https://meaningoftrees.com/2013/07/24/manuka-leptospermum-scoparium/

・MANUKA MED（マヌカメッド製薬）　https://shop.manukamed.com/

・NZ食品安全局（MPI管轄内）　http://www.foodsafety.govt.nz/

・マヌカヘルス社　http://www.manukahealth.co.nz/

・GREX

　https://www.mpi.govt.nz/news-and-resources/consultations/proposed-general-
　export-requirements-for-bee-products/

・Molecular Nutrition Food Researchオンライン（分子栄養素食品検査）　ヘンレ教授
　の研究

　http://onlinelibrary.wiley.com/doi/10.1002/mnfr.200700282/abstract

・NZ Farmer　2016.4.11

　http://www.stuff.co.nz/business/farming/91474477/government-releases-
　manuka-honey-definition-to-deal-with-fraud-claims

・Horse Magazine

　http://www.horsemagazine.com/thm/2015/02/trials-on-honey-treatment-for-
　leg-wounds-in-horses/

・ニュージーランドヘラルド新聞　2017.4.25

　http://www.nzherald.co.nz/business/news/article.cfm?c_id=3&objectid=
　11844280

・はちみつマニア　http://hatimitu.zouri.jp/

・ニュージーランド観光局　http://www.zealand.org.nz/new_zealand.htm

・ネイティブマオリ　http://www.ngatiporou.com/

・マオリ語辞典オンライン　http://maoridictionary.co.nz/

論文オンライン

・アラブエミレーツ大学（マヌカハニーの乳がん抑制効果）

http://scholarworks.uaeu.ac.ae/cgi/viewcontent.cgi?article=1357&context=all_
theses

・香港ポリテック大学・看護学校・香港教育大学・香港クイーンエリザベス病院（糖尿病
による足の壊疽）

https://www.hindawi.com/journals/ecam/2017/5294890/

・長崎大学（インフルエンザ）

http://www.arcmedres.com/article/S0188-4409(14)00280-X/pdf

・シドニー大学、分子・微生物生物学校（マヌカハニーの殺菌効果）

http://yournewswire.com/manuka-honey-bacteria-antibiotics/

・オークランド大学（腸内微生物の抗菌作用）

http://bit.ly/2BE0S63

・クイーンズ工科大学（ドライアイ）

https://www.ncbi.nlm.nih.gov/pubmed/28585260

・ポーツマス大学、サウサンプトン大学（尿路感染症）

http://jcp.bmj.com/content/70/2/140

・サウジアラビア　King Abdulaziz大学（胃潰瘍）

https://www.hindawi.com/journals/omcl/2016/3643824/

・ワイカト大学（ピーター・モラン博士の論文）

waikato.academia.edu/PeterMolan

・INTECHオープンソース論文サイト（マヌカハニーの花蜜純度）

https://www.intechopen.com/books/honey-analysis/fluorescence-a-novel-
method-for-determining-manuka-honey-floral-purity

[著者] 峯下麻利(みねした・まり)

鹿児島出身、2月6日生まれ。オーストラリア在住。
2002年に渡豪した際、体調を崩し、そのとき初めてマヌカハニーと出会う。そのメディカル・パワーに感銘を受け、以来、日々の生活に欠かせないアイテムとして活用している。
2014年にはマヌカハニーのパイオニア、ピーター・モラン博士の知遇を得る。ワイカト大学の研究室を訪ねた際、博士の「世界中の一人でも多くの人の健康にマヌカハニーを役立てたい」という想いに感銘を受け、その後、マヌカハニーの正しい知識の普及に努める。
2015年に一般社団法人アジアJAPANマヌカ協会の理事に就任。ニュージーランド、日本、オーストラリアを行き来する多忙な毎日を送る。

[監修] 一般社団法人アジアJAPANマヌカ協会

2014年12月に一般社団法人としてアジアJAPANマヌカ協会を設立。UMFの提唱者ピーター・モラン博士を特別顧問に迎えるが、2015年9月に逝去。マヌカハニーの研究に半生を捧げ、また、常にマヌカハニーの将来のために尽くした博士の遺志を受け、日本のみならずアジア諸国の一人でも多くの人たちの健康づくりのために、マヌカハニーの普及と啓蒙活動を続けている。また、豊かで安心・安全な社会の実現を目指し、現地との交流や情報提供、冊子等の発行も行っている。
www.f-manuka.org　　info@f-manuka.org

[監修責任者] 古内亀治郎(一般社団法人アジアJAPANマヌカ協会代表理事)

ニュージーランドの神秘のハチミツ
マヌカ・ストーリー

2018年3月26日　初版第一刷発行

著者	———	峯下麻利
監修	———	一般社団法人アジアJAPANマヌカ協会
発行者	———	森 弘毅
発行所	———	株式会社 アールズ出版

東京都文京区小石川1-9-5　浅見ビル　〒112-0002
[TEL] 03-5805-1781　[FAX] 03-5805-1780
http://www.rs-shuppan.co.jp/

装丁・組版 ——— 中山デザイン事務所
印刷・製本 ——— 中央精版印刷株式会社

©Mari Mineshita&Asia Japan Manuka Association
ISBN978-4-86204-296-5 C0077

乱丁・落丁本はお手数ですが小社営業部宛お送りください。送料小社負担にてお取替えいたします。

NEW ZEALAND 南島